は　じ　め　に

JN112316

「算数は、計算はできるけれど、文章題は苦手……」
「『ぶんしょうだい』と聞くと、『むずかしい』」
と、そんな声を聞くことがあります。

たしかに、文章題を解くときには、
・文章をていねいに読む
・必要な数、求める数が何か理解する
・式を作り、解く
・解答にあわせて数詞を入れて答えをかく
と、解いていきます。

しかし、文章題は「基本の型」が分かれば、決して難しいものではありません。しかも、文章題の「基本の型」はシンプルでやさしいものです。

基本の型が分かると、同じようにして解くことができるので、自分の力で解ける。つまり、文章題がらくらく解けるようになります。

本書は、基本の型を知り文章題が楽々解ける構成にしました。
●最初に、文章題の「☆基本の型」が分かる
●2ページ完成。☆が分かれば、他の問題も自分で解ける
●なぞり文字で、つまずきやすいポイントをサポート

お子様が、無理なく取り組め、学力がつく。
そんなドリルを目指しました。

本書がお子様の学力育成の一助になれば幸いです。

陰山英男・三木俊一

文章題に取り組むときは

① 問題文を何回も読んで覚えること
② 立式に必要な数を見分けること
③ 何をたずねているかが分かること

②は、必要な数の下に──を、
③は、たずねている文の下に〜〜〜を引くと
よいでしょう。

─（例）P.31の問題─────────────────

　いすが34きゃくあります。1回に7きゃくずつ運びます。
全部を運ぶには、何回かかりますか。

──────────────────────────

─（例）P.80の問題─────────────────

　4.3kmの道を走っています。
今、2.5kmのところを走っています。
のこり何km走りますか。

──────────────────────────

　※　3年には、＋－×÷の文章題が全てあります。

もくじ

名前

☆ 30 このいちごを、6人で同じ数ずつ分けます。
1人何こになりますか。

式 $\boxed{30} \div \boxed{6} = \boxed{}$

いちごの数　いくつに　1人分

答え　　　　こ

1 30 このみかんを、5人で同じ数ずつ分けます。
1人何こになりますか。

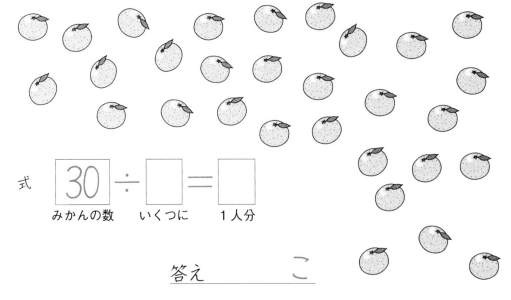

式 $\boxed{30} \div \boxed{} = \boxed{}$

みかんの数　いくつに　1人分

答え　　　　こ

② 18本のジュースを、3つの箱に同じ数ずつ入れます。
　1箱何本になりますか。

式　[　　] ÷ [3] = [　]
　　ジュースの数　いくつに　1箱分

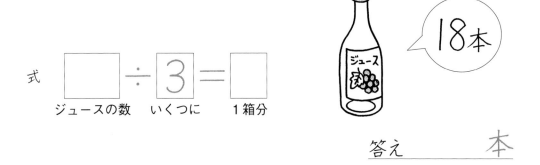

答え　　　　　　　本

③ 40本のチューリップを、同じ数ずつ8たばに分けます。
　1たば何本になりますか。

式　[　　] ÷ [　] = [　]
　　チューリップの数　いくつに　1たば分

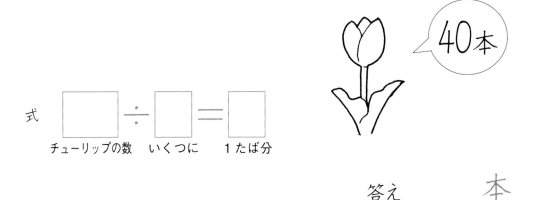

答え　　　　　　　本

④ 28本のバナナを、4つの皿に同じ数ずつ分けます。
　1皿何本になりますか。

式　[　　] ÷ [　] = [　]
　　バナナの数　いくつに　1皿分

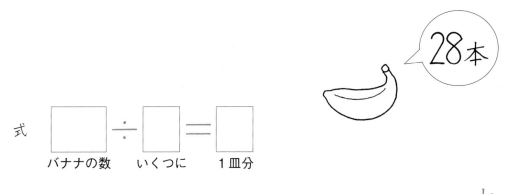

答え　　　　　　　本

わり算 ②

名前

☆　じゃがいもが 54 こあります。6つのかごに同じように分けると、1かご何こになりますか。

4マス表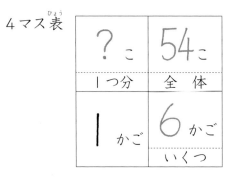

4マス表です。
マスのへやは、決まっています。
おぼえましょう。

54こ

？こ	54こ
1つ分	全体
1 かご	6 かご
	いくつ

式　$54 \div 6 = \square$

全体　いくつに　1つ分　　　　答え　　　　こ

1　なしが 20 こあります。5つの箱に同じように分けると、1箱何こになりますか。

？こ	20こ
1つ分	全体
1 箱	箱
	いくつ

20こ

式　$20 \div \square = \square$

答え　　　　こ

2 金魚が 15 ひきいます。5 この金魚ばちに同じように分けると、1 こ何びきになりますか。

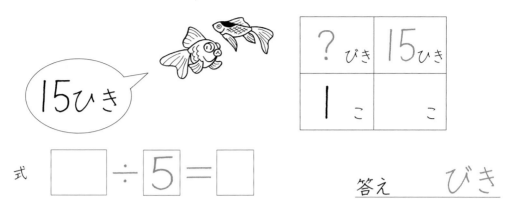

? びき	15 ひき
1 こ	こ

式　$\boxed{} \div \boxed{5} = \boxed{}$

答え　　　びき

3 湯のみが 35 こあります。7 つの箱に同じように分けると、1 箱何こになりますか。

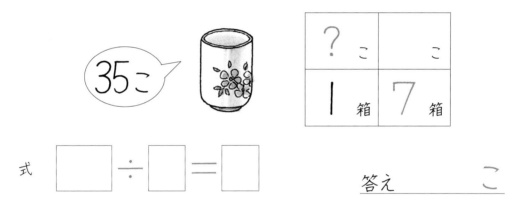

? こ	こ
1 箱	7 箱

式　$\boxed{} \div \boxed{} = \boxed{}$

答え　　　こ

4 トマトが 64 こあります。8 つのふくろに同じように分けると、1 ふくろ何こになりますか。

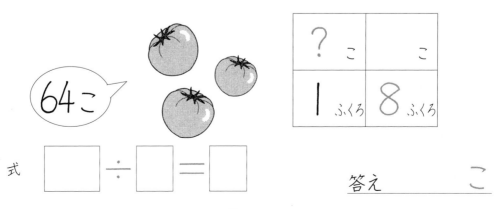

? こ	こ
1 ふくろ	8 ふくろ

式　$\boxed{} \div \boxed{} = \boxed{}$

答え　　　こ

7

名前

月　　日

☆　ドーナツが30こあります。1箱に5こずつ入れる
と、何箱になりますか。

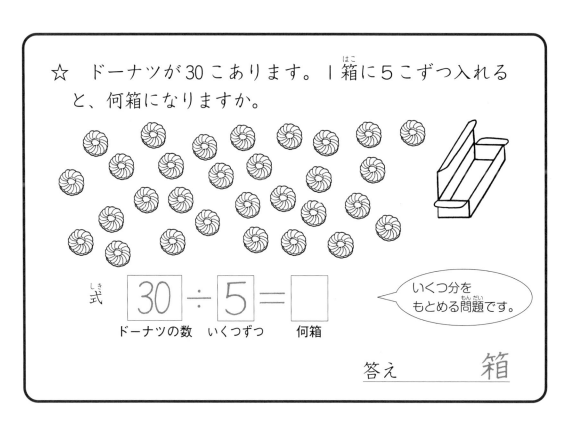

式　$30 \div 5 = \boxed{}$

ドーナツの数　いくつずつ　何箱

いくつ分を
もとめる問題です。

答え　　　　　箱

1　いちごが24こあります。1皿に8こずつのせると、何皿に
なりますか。

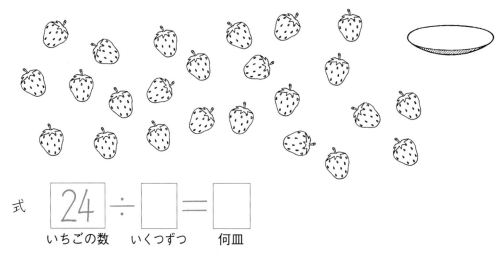

式　$24 \div \boxed{} = \boxed{}$

いちごの数　いくつずつ　何皿

答え　　　　　皿

8

② みかんが48こあります。1かごに8こずつ入れると、何かごになりますか。

式　| ☐ | ÷ | 8 | = | ☐ |
みかんの数　いくつずつ　何かご

答え　　かご

③ クッキーが42こあります。1まいのふくろに6こずつ入れると、ふくろ何まいになりますか。

式　| ☐ | ÷ | ☐ | = | ☐ |
クッキーの数　いくつずつ　何まい

答え　　まい

④ 金魚が24ひきいます。金魚ばちに3びきずつ入れると、金魚ばちは何こいりますか。

式　| ☐ | ÷ | ☐ | = | ☐ |
金魚の数　いくつずつ　何こ

答え　　こ

9

............月......日✏️

☆　ジュースが48本あります。1ケースに6本ずつ入れると、何ケースになりますか。

4マス表

6本	48本
1つ分	全体
1 ケース	? ケース
	いくつ

?はどこにかくの…

式　48 ÷ 6 = □
全体　　1つ分　　いくつに

答え　　ケース

1　きゅうりが21本あります。1まいのふくろに3本ずつ入れると、ふくろ何まいになりますか。

3本	本
1つ分	全体
1 ふくろ	? ふくろ
	いくつ

式　21 ÷ □ = □
　　全体　　1つ分　いくつに

答え　　まい

2　えんぴつが１ダース（12）あります。１人に２本ずつ配(くば)ると、何人に配れますか。

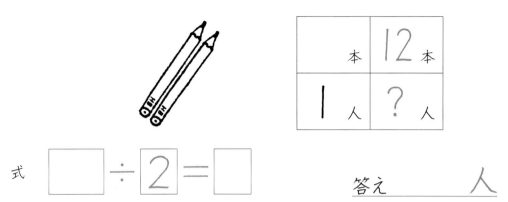

	本	12 本
1 人	? 人

式　□ ÷ 2 ＝ □

答え　　　　人

3　プリンが24こあります。１箱(はこ)に４こずつ入れると、何箱になりますか。

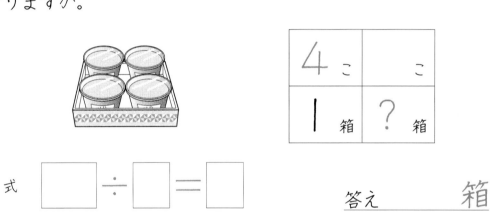

4 こ	こ
1 箱	? 箱

式　□ ÷ □ ＝ □

答え　　　　箱

4　さくらんぼが40こあります。１人に５こずつ配ると、何人に配れますか。

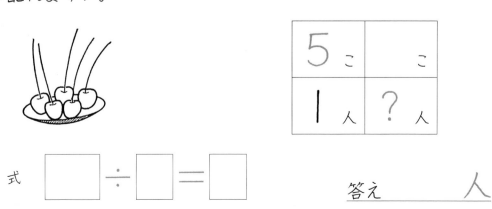

5 こ	こ
1 人	? 人

式　□ ÷ □ ＝ □

答え　　　　人

11

......月......日

☆　横長の長方形の花だんがあります。
　　横の長さは、たての長さの３倍で、
　21ｍです。たての長さは何ｍですか。

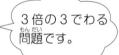
?ｍ

式　21 ÷ 3 = ☐

３倍の３でわる問題です。

答え　　　　　　ｍ

1　横長の長方形の花だんがあります。横の長さは、たての長さの４倍で、20ｍです。たての長さは何ｍですか。

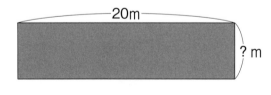
?ｍ

式　20 ÷ ☐ = ☐

答え　　　　　　ｍ

2   横長の長方形の紙があります。横の長さ
は、たての長さの5倍で、30cmです。
　たての長さは何cmですか。

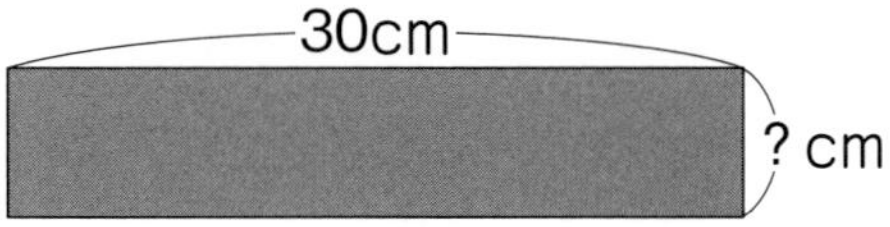

30cm

?cm

式　□ ÷ 5 = □

答え　　　　　cm

3   お父さんの年れいは、妹の年れいの7倍
で、42さいです。
　妹は何さいですか。

式　□ ÷ □ = □

答え　　　　　さい

4   みかんは、りんごの8倍で、56こあります。
りんごは何こありますか。

式　□ ÷ □ = □

答え　　　　　こ

名前

☆　42日間は、1週間（7日間）の何倍_{ばい}ですか。

◎1週間は、日曜日から土曜日までの7日間です。また、ある曜日から数えて7日間です。

$$
\begin{array}{r}
6 \\
7\overline{)42} \\
42 \\
\hline
0
\end{array}
$$

式　$42 \div 7 = \boxed{}$

「何倍になるか」をもとめる問題_{もんだい}です。

答え　　　　　　倍

1　おじいさんの年れいは72さいです。
わたしは8さいです。おじいさんの年れいは、わたしの何倍ですか。

$$
8\overline{)72}
$$

式　$72 \div \boxed{} = \boxed{}$

答え　　　　　　倍

2 みかんが、大きいかごに 32 こ入っています。
  小さいかごには 8 こ入っています。大きい
かごのみかんは、小さいかごのみかんの何倍
ですか。

式 [ ] ÷ 8 = [ ]

答え ＿＿＿＿＿ 倍

3 おとなが 14 人います。子どもは 7 人います。
  おとなは、子どもの何倍いますか。

式 [ ] ÷ [ ] = [ ]

答え ＿＿＿＿＿ 倍

4 9 cm のゴムひもをひっぱって、45 cm にし
ました。これは、もとの何倍ですか。

式 [ ] ÷ [ ] = [ ]

答え ＿＿＿＿＿ 倍

15

[1] 本が36さつあります。4つの箱に同じ数ずつ入れます。
1箱何さつになりますか。 （式10点, 答え10点）

式 ☐ ÷ ☐ = ☐

答え　　　　さつ

[2] クッキーが72こあります。1箱に8こずつ入れると、何箱
になりますか。 （式10点, 答え10点）

式 ☐ ÷ ☐ = ☐

答え　　　　箱

3 さくらんぼが56こあります。7つの皿に同じ数ずつのせる
と、1皿何こになりますか。　　　　　　　　　　（式10点，答え10点）

式　□ ÷ □ ＝ □

答え　　　　　　こ

4 お父さんの年れいは、わたしの年れいの
5倍で、45さいです。
わたしは何さいですか。　　（式10点，答え10点）

式　□ ÷ □ ＝ □

答え　　　　　さい

5 8cmのゴムひもをひっぱって、32cmにしました。
これは、もとの何倍ですか。　　　　　　　　　　（式10点，答え10点）

式　□ ÷ □ ＝ □

答え　　　　　倍

☆　17このミニトマトを同じように3つ
のかごに分けると、1かご何こで、何
こあまりますか。

$$3\overline{)17}$$
$$15$$
$$2$$

ここから
あまりがでます。
注意しよう。

式　17 ÷ 3 = 5 あまり 2

トマトの数　　いくつに　　1かご分

答え　　　こ，あまり　　こ

1　15このレモンを同じように7つの皿に分け
ると、1皿何こで、何こあまりますか。

$$7\overline{)15}$$

式　15 ÷ 7 = □ あまり □

レモンの数　　いくつに　　1皿分

答え　　　こ，あまり　　こ

2　ゴムボールが49こあります。

　　8つの箱に同じように分けると、1箱何こ
で、何こあまりますか。

式　49 ÷ □ = □ あまり □

ボールの数　いくつに　1箱分

答え　□こ，あまり　□こ

3　キャンディーが35こあります。

　　4人で同じように分けると、1人分は何こ
で、何こあまりますか。

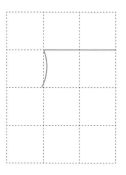

式　□ ÷ 4 = □ あまり □

キャンディーの数　いくつに　1人分

答え　□こ，あまり　□こ

4　えんぴつが37本あります。

　　5人で同じように分けると、1人分は何本
で、何本あまりますか。

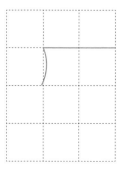

式　□ ÷ 5 = □ あまり □

えんぴつの数　いくつに　1人分

答え　□本，あまり　□本

☆　23このみかんを1人に7こずつ配る
　と、何人に配れて、何こあまります
　か。

```
      3
7)2 3
  2 1
      2
```

式　$23 \div 7 = 3$　あまり　2

みかんの数　　1人分　　何人

答え　　　人，あまり　　こ

1　26このサクランボを1人に4こずつ配る
　と、何人に配れて、何こあまりますか。

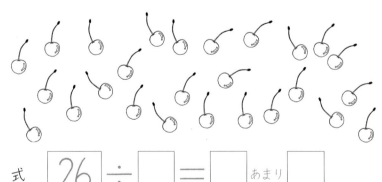

式　$26 \div \boxed{} = \boxed{}$　あまり　$\boxed{}$

サクランボの数　　1人分　　何人

答え　　　人，あまり　　こ

2 43本のゆりの切り花を5本ずつの花たばにします。
　　何たばできて、何本あまりますか。

式　43 ÷ □ = □ あまり □
　　ゆりの数　1たば分　何たば

　　　　　　答え　　　たば，あまり　本

3 37本の色えんぴつを7本ずつたばにします。
　　何たばできて、何本あまりますか。

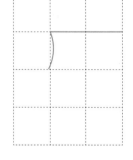

式　□ ÷ 7 = □ あまり □
　　色えんぴつの数　1たば分　何たば

　　　　　　答え　　　たば，あまり　本

4 35このくりがあります。1人に6こずつ配ると、何人に配れて、何こあまりますか。

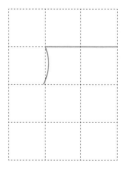

式　□ ÷ □ = □ あまり □
　　くりの数　1人分　何人

　　　　　　答え　　　人，あまり　こ

☆　くりが 20 こあります。

　　3つのかごに同じように入れると、
　1かご何こで、何こあまりますか。

$$\begin{array}{r} 6 \\ 3\overline{\smash{)}20} \\ \underline{18} \\ 2 \end{array}$$

このひき算は、
20−18＝2
くり下がりに
なります。

式　$20 \div 3 = 6$ あまり □

　くりの数　　いくつに　　1かご分

答え　　　こ，あまり　　こ

1　ももが 30 こあります。

　　4つの皿に同じようにのせると、1皿何こ
で、何こあまりますか。

$$4\overline{\smash{)}30}$$

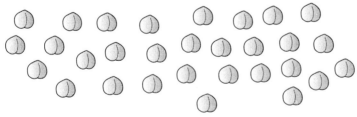

式　$30 \div □ = □$ あまり □

　ももの数　　いくつに　　1皿分

答え　　　こ，あまり　　こ

② どんぐりが50こあります。

　　6人で同じように分けると、1人何こで、何こあまりますか。

　式　50 ÷ □ = □ あまり □
　　　どんぐりの数　いくつに　1人分

　　　　　　　　答え　　　こ, あまり　　こ

③ ジュースが60本あります。

　　9つのケースに同じように分けると、1ケース何本で、何本あまりますか。

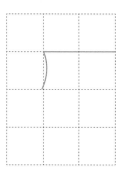

　式　□ ÷ □ = □ あまり □
　　　ジュースの数　いくつに　1ケース

　　　　　　　　答え　　　本, あまり　　本

④ えんぴつが40本あります。

　　7人で同じように分けると、1人何本で、何本あまりますか。

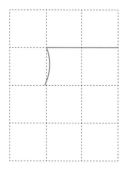

　式　□ ÷ □ = □ あまり □
　　　えんぴつの数　いくつに　1人分

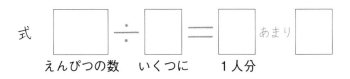

　　　　　　　　答え　　　本, あまり　　本

........月.....日

☆　20本のきゅうりを3本ずつふくろに入れています。何ふくろできて、何本あまりますか。

```
      6
3)2 0
  1 8
      2
```

式　20 ÷ 3 ＝ 6 あまり ☐

きゅうりの数　いくつずつ　何ふくろ

答え　　ふくろ，あまり　本

1　30このさくらんぼを1人に8こずつ配ります。何人に配れて、何こあまりますか。

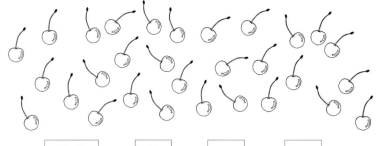

式　30 ÷ 8 ＝ ☐ あまり ☐

さくらんぼの数　いくつずつ　何人

答え　　人，あまり　こ

24

2 50このかしわもちを6こずつ箱（はこ）に入れます。何箱できて、何こあまりますか。

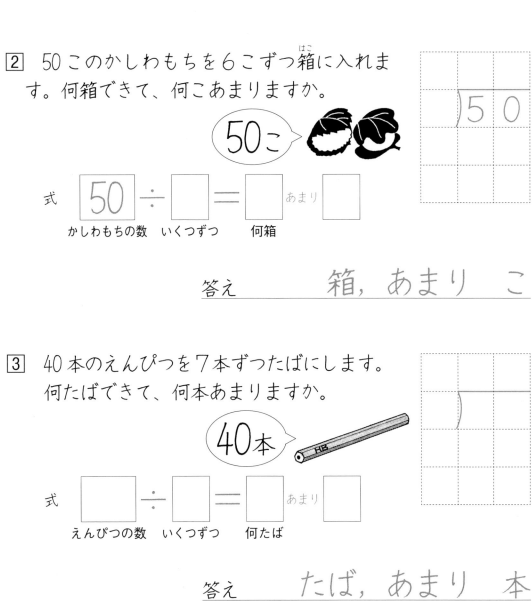

50こ

式　$50 \div \boxed{} = \boxed{}$　あまり　$\boxed{}$

かしわもちの数　いくつずつ　何箱

答え　　　　箱，あまり　　　こ

3 40本のえんぴつを7本ずつたばにします。
何たばできて、何本あまりますか。

40本

式　$\boxed{} \div \boxed{} = \boxed{}$　あまり　$\boxed{}$

えんぴつの数　いくつずつ　何たば

答え　　　　たば，あまり　　　本

4 1週間は7日です。
52日は、何週間と何日ですか。

式　$\boxed{} \div \boxed{} = \boxed{}$　あまり　$\boxed{}$

日数　いくつずつ　何週間

答え　　　　週間と　　　日

☆　みかんが 41 こあります。6 こずつか
　ごに入れていくと、何かごできて、何
　こあまりますか。

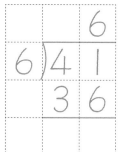

式　| 41 | ÷ | 6 | = | ☐ | あまり | ☐ |

みかんの数　いくつずつ　何かご

答え　　かご，あまり　　こ

1　さくらもちが 62 こあります。8 こずつ箱に
　入れていくと、何箱できて、何こあまります
　か。

式　| 62 | ÷ | 8 | = | ☐ | あまり | ☐ |

さくらもちの数　いくつずつ　何箱

答え　　　　　箱，あまり　　こ

② 71 mのロープがあります。9 mずつ切って
いくと、9 mのロープが何本できて、何mあ
まりますか。

式　□71□ ÷ □ ＝ □ あまり □
　　ロープの長さ　いくつずつ　　何本

答え　　　本，あまり　　m

③ 55 cmのリボンを8 cmずつ切っていきま
す。このとき、8 cmのリボンが何本できて、
何cmあまりますか。

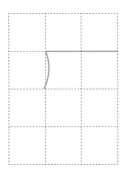

式　□ ÷ □8□ ＝ □ あまり □
　　リボンの長さ　いくつずつ　　何本

答え　　本，あまり　　cm

④ さつまいもが53こあります。7こずつかご
に入れていくと、何かごできて、何こあまり
ますか。

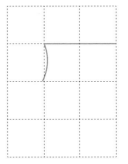

式　□ ÷ □ ＝ □ あまり □
　　さつまいもの数　いくつずつ　何かご

答え　　かご，あまり　こ

27

あまりのあるわり算 ⑥

名前

☆ くりが22こあります。1人に6こず
つあげます。何人にあげられますか。

$$\begin{array}{r} 3 \\ 6\overline{\smash{)}\,22} \\ 18 \\ \hline 4 \end{array}$$

あまりの4こでは
1人分に
足りません

式 | 22 | ÷ | 6 | = | □ | あまり | □

くりの数　いくつずつ　何人

答え　　　　　人

---

1 いちょうのはが32まいあります。1人に7
まいずつわたします。何人にわたせますか。

$$7\overline{\smash{)}\,32}$$

あまりの4まいでは
1人分に足りません

式 | 32 | ÷ | 7 | = | □ | あまり | □

いちょうのはの数　いくつずつ　何人

答え　　　　　人

2　ピーマンが62こあります。1まいのふくろ
　に9こずつ入れます。ふくろは何まいできま
　すか。

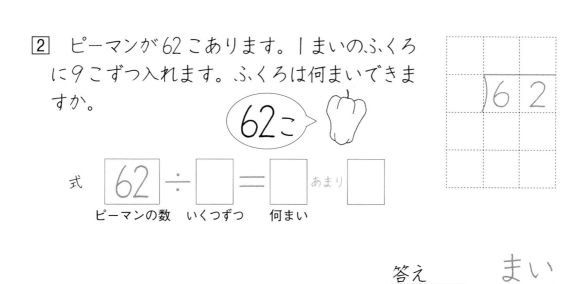

62こ

式　62 ÷ □ = □ あまり □

ピーマンの数　いくつずつ　何まい

答え　　　　まい

3　長さ57cmのリボンがあります。8cmずつ
　切っていくと、8cmのリボンが何本切りとれ
　ますか。

式　□ ÷ □ = □ あまり □

リボンの長さ　いくつずつ　何本

答え　　　　本

4　53このキャラメルを6こずつ箱につめます。
　何箱できますか。

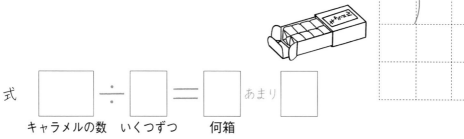

式　□ ÷ □ = □ あまり □

キャラメルの数　いくつずつ　何箱

答え　　　　箱

名前

☆　レモンが 11 こあります。4 こずつ箱に入れていきます。全部を入れるには、箱は何箱いりますか。

$$\begin{array}{r} 2 \\ 4\overline{)11} \\ 8 \\ \hline 3 \end{array}$$

あまりの 3 こも
1 箱いります。

式　$11 \div 4 = 2$ あまり ☐

レモンの数　いくつずつ　何箱

答え　　　　箱

1　りんごが 31 こあります。4 こずつ箱に入れていきます。全部を入れるには、箱は何箱いりますか。

$$4\overline{)31}$$

あまりの 3 こも
1 箱いります。

式　$31 \div 4 = $ ☐ あまり ☐

りんごの数　いくつずつ　何箱

答え　　　　箱

2　なしが42こあります。9こずつかごに入れ
ていきます。全部を入れるには、かごは何こ
いりますか。

式　42 ÷ ☐ = ☐ あまり ☐
　　なしの数　　いくつずつ　　何こ

答え　　　　　こ

3　あめが52こあります。8こずつふくろに入
れていきます。全部を入れるには、ふくろは
何まいいりますか。

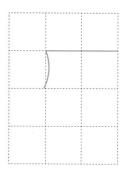

式　☐ ÷ ☐ = ☐ あまり ☐
　　あめの数　　いくつずつ　　何まい

答え　　　　まい

4　いすが34きゃくあります。1回に7きゃく
ずつ運びます。全部を運ぶには、何回かかり
ますか。

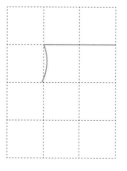

式　☐ ÷ ☐ = ☐ あまり ☐
　　いすの数　　いくつずつ　　何回

答え　　　　回

1　ボールペンが25本あります。
　　6人で同じように分けると、1人分は何本
で、何本あまりますか。　　　　（式10点，答え10点）

式　□ ÷ □ = □ あまり □

答え　　　本，あまり　　本

2　ボールが50こあります。
　　1箱に6こずつ入れていくと、何箱できて
何こあまりますか。　　　　　（式10点，答え10点）

式　□ ÷ □ = □ あまり □

答え　　　箱，あまり　　こ

3 みかんが 41 こあります。
　　6こずつかごに入れると、かごは何こでき
て何こあまりますか。　　　　（式10点，答え10点）

式　□ ÷ □ ＝ □ あまり □

答え　　　こ，あまり　　こ

4 55 cmのリボンを 7 cmずつに切っていきま
す。7 cmのリボンは何本できますか。
　　　　　　　　　　　　　　（式10点，答え10点）

式　□ ÷ □ ＝ □ あまり □

答え　　　　　本

5 さつまいもが 53 こあります。6こずつかご
に入れます。全部かごに入れるには、かごは
何こいりますか。　　　　　（式10点，答え10点）

式　□ ÷ □ ＝ □ あまり □

答え　　　　　こ

かけ算（×1けた）①

名前

☆　１本42円のえんぴつがあります。
　　6本買うと、代金は何円になりますか。

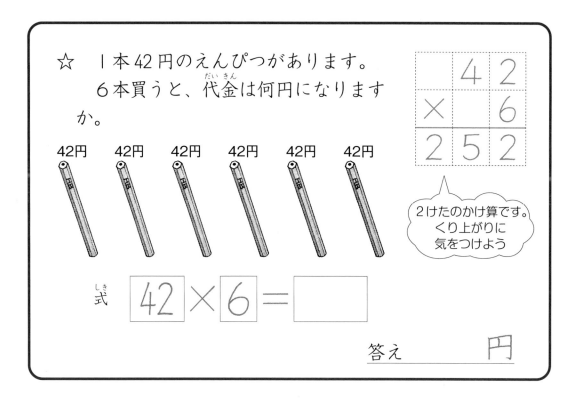

42円　42円　42円　42円　42円　42円

```
      4 2
  ×     6
  2 5 2
```

2けたのかけ算です。
くり上がりに
気をつけよう

式　$42 \times 6 =$

答え　　　　　　円

1　１こ36円の目玉クリップがあります。
　　4こ買うと、代金は何円になりますか。

```
      3 6
  ×     4
```

36円　36円　36円　36円

式　$36 \times \square = \square$

答え　　　　　　円

2 1こ 95円のりんごがあります。
　　5こ買うと、代金は何円になりますか。

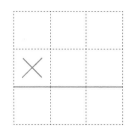

95円　　95円　　95円　　95円　　95円

式　☐ × ☐ = ☐

答え　　　　円

3 1本 74円のにんじんがあります。
　　3本買うと、代金は何円になりますか。

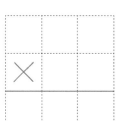

74円　　　　74円　　　　74円

式　☐ × ☐ = ☐

答え　　　　円

☐☐×☐（2けた×1けた）のかけ算になる問題です。
1つのねだん × 買う数 = 代金

かけ算（×1けた）②　

名前

月　日

☆　1本53円のキャンディーを、6本買います。代金は何円ですか。

$$\begin{array}{r} 53 \\ \times\quad 6 \\ \hline 318 \end{array}$$

式　$53 \times 6 = \boxed{}$

答え　　　　　円

1　1こ36円のみかんを、8こ買います。代金は何円ですか。

$$\begin{array}{r} 36 \\ \times\quad 8 \\ \hline \end{array}$$

式　$36 \times \boxed{} = \boxed{}$

答え　　　　　円

② 1こ 85円のあんぱんを、2こ買います。
代金は何円ですか。

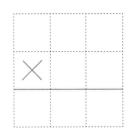

式 □ × □ = □

答え ____ 円

③ 1ぴき 96円の金魚を、3びき買います。
代金は何円ですか。

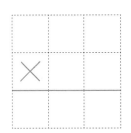

式 □ × □ = □

答え ____ 円

かけ算（×1けた）③ 名前

☆　１本 56 円のえんぴつを、８本買う
と、代金は何円ですか。

◎　４マス表にしてから、式をかきます。

56円	?円
1本	8本

$$
\begin{array}{r}
5\ 6 \\
\times\quad 8 \\
\hline
\end{array}
$$

式　$56 \times 8 = \boxed{}$

答え　　　　　　　　円

1　１本 83 円のボールペンを、６本買うと、代
金は何円ですか。

$$
\begin{array}{r}
8\ 3 \\
\times\quad 6 \\
\hline
\end{array}
$$

◎　４マス表

83円	?円
1本	6本

式　$83 \times \boxed{} = \boxed{}$

答え　　　　　　　　円

2　1 こ 72 円のセロハンテープを、5 こ買う
と、代金は何円ですか。

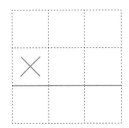

　◎　4 マス表

72円	円
1 こ	こ

式　☐ × ☐ = ☐

答え　　　　　円

3　1 こ 96 円ののりを、4 こ買うと、代金は何
円ですか。

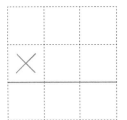

　◎　4 マス表

円	円
1 こ	こ

式　☐ × ☐ = ☐

答え　　　　　円

..............月......日

☆　|しゅうすると、125 mのコースがあります。3しゅうすると、何mになりますか。

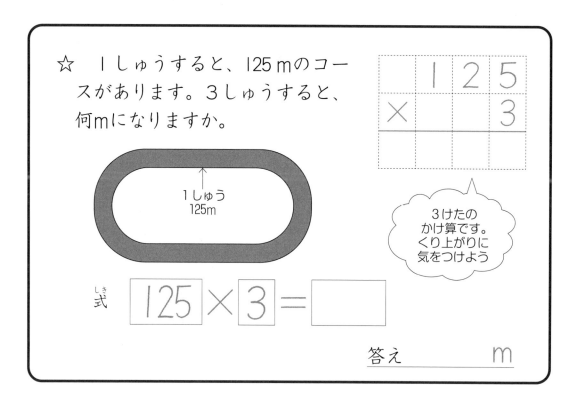

	1	2	5
×			3

3けたの
かけ算です。
くり上がりに
気をつけよう

式　|125|×|3|=|　　　|

答え _____ m

1　|しゅうすると、315 mのジョギングコースがあります。
4しゅうすると、何mになりますか。

	3	1	5
×			4

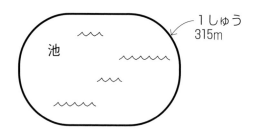

池

1しゅう
315m

式　|315|×|　|=|　　　|

答え _____ m

2 学校のまわりの道を１しゅうすると、
426ｍあります。

6しゅうすると、何mになりますか。

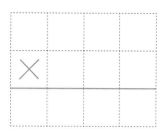

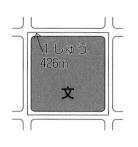

式　□ × □ = □

答え　　　　　　　ｍ

3 丸い形の花だんを１しゅうすると、
267ｍです。

5しゅうすると、何mになりますか。

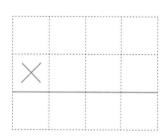

花だん　　　　　　　　　　１しゅう
　　　　　　　　　　　　　267m

式　□ × □ = □

答え　　　　　　　ｍ

月 日

☆　1本231円のカッターナイフを売っています。

　6本買うと、代金は何円ですか。

```
    2 3 1
  ×     6
```

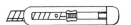  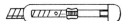

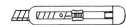 

式　231 × 6 = □

答え　　　　　円

1　1こ248円のホッチキスを売っています。

　5こ買うと、代金は何円ですか。

```
    2 4 8
  ×     5
```

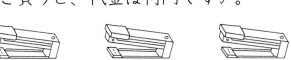

式　248 × □ = □

答え　　　　　円

2 1本 283 円のはさみを売っています。
　　7本買うと、代金は何円ですか。

式　[　　　] × [　] = [　　　　]

答え　　　　　　　円

3 1こ 892 円のペンケースを売っていま
す。
　　3こ買うと、代金は何円ですか。

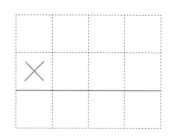

式　[　　　] × [　] = [　　　　]

答え　　　　　　　円

........................月......日

☆　１しゅうすると、435ｍの遊歩
道があります。３しゅうすると
何ｍですか。

	4	3	5
×			3

◎　４マス表を書いて、式と答えを
かきます。

435ｍ	？ｍ
１しゅう	３しゅう

式　435 × 3 ＝ ⬚

答え ＿＿＿＿＿＿ ｍ

1　水族館の入館りょうは、子ども１人
235円です。子ども５人の入館りょうは
何円ですか。

	2	3	5
×			5

◎　４マス表

235円	？円
１人	人

式　235 × ⬚ ＝ ⬚

答え ＿＿＿＿＿＿ 円

44

2 1本 275 円のトマトジュースがあります。6本買うと、代金は何円ですか。

◎ 4マス表

275円	円
1本	本

式　□ × □ = □

答え　　　　　円

3 ビニールテープ1こは、296 円です。5こ買うと、代金は何円ですか。

◎ 4マス表

296円	円
1こ	こ

式　□ × □ = □

答え　　　　　円

1　1本48円のサインペンがあります。
　　6本買うと、代金は何円になりますか。

（式10点，答え10点）

式　□ × □ = □

答え　　　　　円

2　1ぴき67円のメダカを、7ひき買います。
　　代金は何円ですか。　（式10点，答え10点）

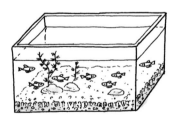

式　□ × □ = □

答え　　　　　円

3　１しゅうすると、125 mのコースがあります。5しゅうすると、何mになりますか。 (式10点，答え10点)

式　□ × □ = □

答え 　　　　　　 m

4　１箱328 円のクレヨンがあります。このクレヨンを6箱買うと、代金は何円ですか。 (式10点，答え10点)

式　□ × □ = □

答え 　　　　　　 円

5　はく物館の入館りょうは、子ども１人で530 円です。子どもが8人のとき入館りょうは何円ですか。 (式10点，答え10点)

式　□ × □ = □

答え 　　　　　　 円

47

かけ算（×2けた）①　名前

☆　１こ45円の箱があります。
　　52こ買うと、代金は何円ですか。

```
      4 5
   ×  5 2
      9 0
  2 2 5
```

かける数が
大きくなります。

式　45 × 52 ＝ □

答え　　　　　　　円

1　１本88円のお茶があります。
　　45本買うと、代金は何円ですか。

```
      8 8
   ×  4 5
```

式　88 × □ ＝ □

答え　　　　　　　円

2　1こ96円のカップめんがあります。
　　34こ買うと、代金は何円ですか。

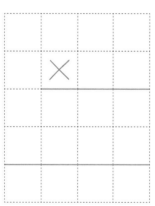

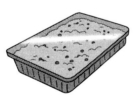

式　□ × □ = □

答え　　　　　円

3　1パック98円の赤はんがあります。
　　25パック買うと、代金は何円ですか。

式　□ × □ = □

答え　　　　　円

月　　日

☆　サインペンを25本買います。1本のねだんは、58円です。全部の代金は何円ですか。

```
    5 8
  × 2 5
  2 9 0
```

式　| 58 | × | 25 | = |　　　|

答え　　　　　円

1　スティックのりを36本買います。1本のねだんは、79円です。全部の代金は何円ですか。

```
      7 9
    × 3 6
```

のり

式　| 79 | × |　　| = |　　　|

答え　　　　　円

2　絵はがきを45まい買います。1まいの
ねだんは、48円です。全部の代金は何円
ですか。

式　□ × □ = □

答え　　　　　円

3　ノートを35さつ買います。1さつのね
だんは、86円です。全部の代金は何円で
すか。

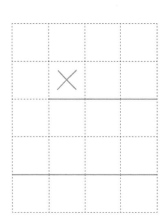

式　□ × □ = □

答え　　　　　円

☆　たまねぎ１こには、38円です。
　　たまねぎを36こ買うと、代金は
何円ですか。

◎　4マス表をかく

38円	?円
1こ	36こ

式　$38 \times 36 =$ 　　　　

答え　　　　　円

```
     3 8
   × 3 6
   2 2 8
```

1　なす１本は、48円です。
　　なすを45本買うと、代金は何円です
か。

◎　4マス表

48円	?円
1本	本

式　$48 \times$ 　　$=$ 　　　

答え　　　　　円

2 ピーマン１ふくろは、88円です。
　　ピーマンを26ふくろ買うと、代金は何円ですか。

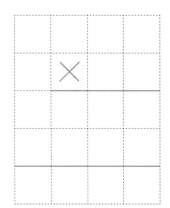

　　◎　４マス表

88円	円
１ふくろ	ふくろ

式　[　　] ✕ [　　] ＝ [　　　　]

答え　＿＿＿＿＿＿　円

3 キウイ１こは、98円です。
　　キウイを64こ買うと、代金は何円ですか。

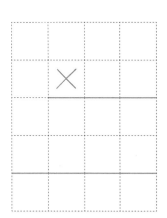

　　◎　４マス表

円	円
１こ	こ

式　[　　] ✕ [　　] ＝ [　　　　]

答え　＿＿＿＿＿＿　円

...............月.......日

☆　１パック648円のえきたい
のりがあります。
　38パック買うと何円です
か。

```
      6 4 8
  ×     3 8
    5 1 8 4
  1 9 4 4
```

かけられる数が
3けたになります。

式　648 × 38 ＝ □□□□□

答え　＿＿＿＿＿円

1　１セット492円のでんぷんのりが
あります。
　56セット買うと何円ですか。

```
      4 9 2
  ×     5 6
    2 9 5 2
```

ていねいに
計算しましょう。

式　492 × □ ＝ □□□□□

答え　＿＿＿＿＿円

54

2 1こ 136円のカップめんを、85こ
　買いました。
　　代金はいくらですか。

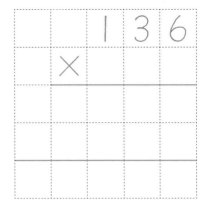

式　□ × □ ＝ □

答え　　　　　　　　円

3 1こ 375円のはさみを3ダース買
　いました。（3ダースは36）
　　代金はいくらですか。

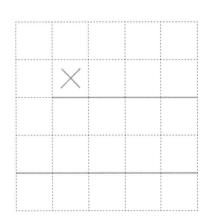

式　□ × □ ＝ □

答え　　　　　　　　円

名前

............月.......日

☆　1こ627円の本立てを、64こ買います。代金はいくらですか。

```
      6 2 7
   ×   6 4
    2 5 0 8
  3 7 6 2
```

式　627 × 64 ＝ 　　　

答え　　　　　　　円

1　1こ735円のメロンを、38こ買います。代金はいくらですか。

```
      7 3 5
   ×   3 8
  5 8 8 0
```

式　735 × 　　 ＝ 　　　

答え　　　　　　　円

2　1こ284円のバケツを、53こ買います。代金はいくらですか。

```
      2 8 4
  ×
```

式　□ × □ = □

答え　　　　　円

3　1さつ672円の問題集を、28さつ買います。代金はいくらですか。

```
    ×
```

式　□ × □ = □

答え　　　　　円

月　　日

☆　手帳は、1さつ 452 円です。28 さつの代金はいくらですか。

◎　4マス表

452円	？円
1さつ	28さつ

式　452 × 28 ＝

答え　　　　　　　円

1　ビニールがさは、1本 352 円です。46 本の代金はいくらですか。

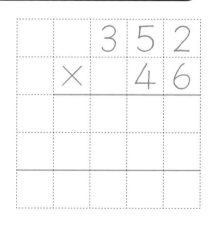

◎　4マス表

352円	円
1本	本

式　352 × □ ＝

答え　　　　　　　円

2️⃣ コンパス1こには、504円です。
　　57こ買うと、代金はいくらですか。

５０４	
×	

◎　4マス表

円	円
1　こ	こ

式　　□ × □ = □

答え　　　　　　　円

3️⃣ 筆ペン1本は、375円です。
　　4ダース買うと、代金はいくらです
か。（4ダースは48）

	×		

◎　4マス表

円	円
本	本

式　　□ × □ = □

答え　　　　　　　円

かけ算（×2けた）

名前

---

1 | まい 63 円のはがきを 35 まい買うと、
   代金はいくらですか。 （式10点，答え10点）

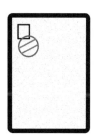

式

答え _____ 円

---

2 | さつ 97 円のノートを 68 さつ買うと、
   代金はいくらですか。 （式10点，答え10点）

式

答え _____ 円

3 1こ 328 円のサンドイッチを 18 こ買う
と、代金はいくらですか。

(式10点, 答え10点)

式 □ × □ = □

答え _____ 円

4 1こ 745 円のメロンを、48 こ買う
と、代金はいくらですか。

(式10点, 答え10点)

式 □ × □ = □

答え _____ 円

5 水族館の入館りょうは、子ども
1人で 540 円です。子どもが 25 人の
とき入館りょうはいくらですか。

(式10点, 答え10点)

式 □ × □ = □

答え _____ 円

61

たし算・ひき算 ①

............月......日

☆　340円のサンドイッチと、125円
　の牛にゅうを買います。
　代金は何円ですか。

```
   3 4 0
 + 1 2 5
```

3けたと3けたの
たし算です

式　340 ＋ 125 ＝ □

答え　　　　　円

1　720円のメロンと、150円のりんごを買
　います。代金は何円ですか。

```
   7 2 0
 +
```

式　720 ＋ □ ＝ □

答え　　　　円

② サッカーの大会があります。せん手が415人と、おうえんする人365人が集(あつ)まっています。みんなで何人ですか。

		4	1	5
+				

式　☐ ＋ ☐ ＝ ☐

答え　　　　人

③ 動物園(どうぶつえん)に、おとな655人と、子ども237人が入園しています。みんなで何人ですか。

+			

式　☐ ＋ ☐ ＝ ☐

答え　　　　人

④ 和紙(わし)の色紙が248まいと、洋紙(ようし)の色紙が335まいあります。色紙は全部(ぜんぶ)で何まいですか。

+			

式　☐ ＋ ☐ ＝ ☐

答え　　　　まい

....................月......日

☆　240円のももと、285円のぶどう
　　を買います。
　　　代金は何円ですか。

```
   2 4 0
 + 2 8 5
```

式　240　+　285　＝

答え　　　　　　　円

1　252円のなしと、584円のパイナップル
　を買います。
　　　代金は何円ですか。

```
   2 5 2
 + 
```

式　252　＋　　　　＝

答え　　　　　円

64

2 遊園地には、おとな376人と、子ども440人がいます。
全体で何人ですか。

	3	7	6
+			

式 [   ] + [   ] = [   ]

答え _____ 人

3 体育館には、小学生320人と、中学生280人がいます。
全体で何人ですか。

+			

式 [   ] + [   ] = [   ]

答え _____ 人

4 青い紙が350まいと、白い紙が550まいあります。
紙は合わせて何まいありますか。

+			

式 [   ] + [   ] = [   ]

答え _____ まい

たし算・ひき算 ③

月　　日

☆　テープカッターは 352 円です。
はさみは 864 円です。両方買うと
何円ですか。

```
    3 5 2
  + 8 6 4
```

式　352 ＋ 864 ＝

答え　　　　　　円

1　色えんぴつは 670 円です。カラーペン
は 580 円です。両方買うと何円ですか。

```
    6 7 0
  +
```

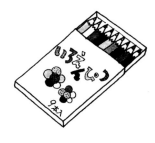　

式　670 ＋ 　 ＝

答え　　　　　円

66

2 おまつり広場には、子ども748人と、おとな527人が集まっています。全体で何人ですか。

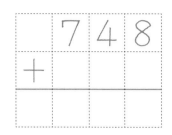

式 ☐ ＋ ☐ ＝ ☐

答え 　　　　　人

3 花火大会のかんらんせきには、おとなが856人と、子どもが728人います。かんらんせきにいる人は何人ですか。

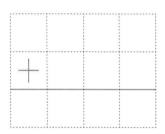

式 ☐ ＋ ☐ ＝ ☐

答え 　　　　　人

4 右と左に本だながあります。右の本だなには584さつ、左の本だなには616さつの本があります。合計何さつですか。

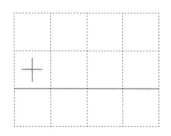

式 ☐ ＋ ☐ ＝ ☐

答え 　　　　　さつ

☆　メロンは、780円です。ももは、250円です。メロンのほうが何円高いですか。

```
    7 8 0
  - 2 5 0
```

ここからひき算になります

式　| 780 | － | 250 | = | ☐ |

答え ☐ 円

---

① さくらんぼは、1パック675円です。いちごは、1パック430円です。さくらんぼのほうが何円高いですか。

```
    6 7 5
  -
```

式　| 675 | － | ☐ | = | ☐ |

答え ☐ 円

② 動物園には、子ども 578 人と、おとな
354 人が入園しています。
　　子どものほうが何人多いですか。

	5	7	8
−			

式　☐ − ☐ = ☐

答え　　　　　人

③ 花のカードは、689 まいあります。
　　動物のカードは、432 まいあります。
　　花のカードのほうが何まい多いです
か。

−			

式　☐ − ☐ = ☐

答え　　　　　まい

④ 遊園地と動物園の入場者の人数を調べ
ました。遊園地は 666 人と、動物園は 434
人入場しました。
　　遊園地のほうが何人多いですか。

−			

式　☐ − ☐ = ☐

答え　　　　　人

☆　ぶどうとりんごを買うと 640 円
です。ぶどうは 380 円です。
りんごの代金は何円ですか。

```
    6 4 0
 -  3 8 0
```

式　640 ー 380 ＝

答え　　　　　円

1　パイナップルとなしを買うと 820 円で
す。なしは 270 円です。
パイナップルの代金は何円ですか。

```
    8 2 0
 -
```

式　820 ー 　　　 ＝

答え　　　　　円

2　黄色いきくと白いきくが976本さいて
　　います。黄色いきくは348本です。
　　　白いきくは何本さいていますか。

```
    9 7 6
  -
  ─────────
```

式　□ － □ ＝ □

　　　　　　　　　　答え　　　　本

3　赤いカードと白いカードが750まいあ
　　ります。赤いカードは385まいです。
　　　白いカードは何まいありますか。

```
  -
  ─────────
```

式　□ － □ ＝ □

　　　　　　　　　　答え　　　　まい

4　体育館で752人がバスケットボールと
　　バレーボールをしています。そのうち、
　　バレーボールをしている人は455人です。
　　　バスケットボールをしている人は何人
　　います。

```
  -
  ─────────
```

式　□ － □ ＝ □

　　　　　　　　　　答え　　　　人

………月……日

☆　はさみとテープカッターを
買うと 1250 円です。はさみは
870 円です。テープカッター
は何円ですか。

	1	2	5	0
−		8	7	0

式　1250 − 870 =

答え　　　　　円

1　カラーペンと色えんぴつを買うと
1320 円です。カラーペンは 640 円で
す。色えんぴつは何円ですか。

	1	3	2	0
−				

式　1320 − □ = □

答え　　　　　円

2 秋祭りの会場に1280人集まっています。子どもは565人です。子どもいがいは何人ですか。

式 □ ― □ = □

答え　　　　　人

3 花火大会のかんらんせきには、1562人います。子どもは627人です。子どもいがいは何人ですか。

式 □ ― □ = □

答え　　　　　人

4 本が1300さつあります。お話の本は854さつです。お話の本いがいの本は何さつですか。

式 □ ― □ = □

答え　　　　　さつ

73

1　356円のキャベツと、273円のなすを買いました。あわせて何円ですか。

（式10点，答え10点）

式　

答え　　　円

2　チョコのつめあわせと、ゼリーのつめあわせを買うと960円でした。ゼリーのつめあわせは310円です。チョコのつめあわせは何円ですか。

（式10点，答え10点）

式　　　　　－　　　　　＝

答え　　　円

③ 美じゅつ館におとなが574人、子ども
が198人入っています。おとなの方が何
人多いですか。　　　　　（式10点，答え10点）

式　☐ − ☐ = ☐

答え　　　　　人

④ 花火大会の会場におとなが567人、子
どもが689人います。あわせて、何人い
ますか。　　　　　　（式10点，答え10点）

式　☐ + ☐ = ☐

答え　　　　　人

⑤ えんぴつけずりと、いろえんぴつ
を買うと1560円です。いろえんぴつ
は680円です。えんぴつけずりは何
円ですか。　　　　　　（式10点，答え10点）

式　☐ − ☐ = ☐

答え　　　　　円

名前

................月.......日

☆　家から駅までは、1.6kmです。
　駅から公園までは、2.3kmです。
　家から駅を通って、公園まで行くと
何kmになりますか。

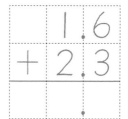

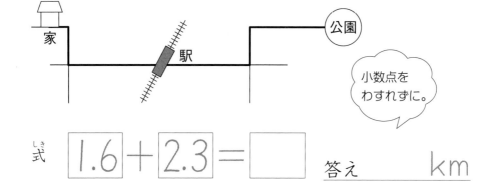

小数点を
わすれずに。

式　1.6 ＋ 2.3 ＝ ☐　答え　　　km

1　家から駅までは、1.4kmです。
　駅から動物園までは、4.2kmです。
　家から駅を通って、動物園まで行くと何
kmになりますか。

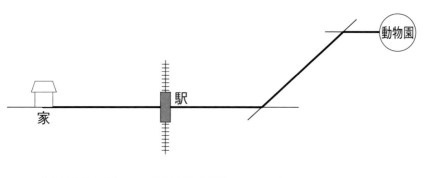

式　1.4 ＋ ☐ ＝ ☐　答え　　　km

2 家からバスていまでは、0.6kmです。
　バスていから植物園までは、4.8kmです。
　家からバスていを通って、植物園まで行く
と何kmになりますか。

$$\begin{array}{r} 0.6 \\ + \\ \hline \end{array}$$

家　○バスてい　　　　　　　　　　植物園
○━━┿━━━━━━━━━━━━○

式　□ ＋ □ ＝ □

答え　　　　km

3 家からゆうびん局までは、0.8kmです。
　ゆうびん局から図書館までは、0.6kmです。
　家からゆうびん局を通って、図書館まで行
くと何kmになりますか。

$$\begin{array}{r} 0.8 \\ + \\ \hline \end{array}$$

家　　　　　　　　〒　　　　　図書館
○━━━━━━━━━┿━━━━━○

式　□ ＋ □ ＝ □

答え　　　　km

4 家から公園まで0.7kmです。公園から学校
まで1.2kmです。家から公園を通り学校まで
行くと何kmですか。

家　　　　　　○公園　　　　　　学校
○━━━━━━┿━━━━━━━━○

式　□ ＋ □ ＝ □

答え　　　　km

77

小数のたし算・ひき算 ②　名前

☆　学校から2.4km歩いて休けいし、そ
こから1.6km歩いて公園に着きました。
　学校から公園までは、何kmありま
すか。

```
    2.4
  + 1.6
 ──────
   ④.Ⓧ
```

これをかきます

学校
文

休けい↗

公園

式　2.4 + 1.6 = 4　　　答え　　　km

1 　米がビニールぶくろに、3.5kgあります。
紙ぶくろに、4.5kgあります。
米は、合わせて何kgありますか。

```
    3.5
  + 4.5
 ──────
```

式　3.5 +   =

答え　　　　kg

78

2　1.5L入りのウーロン茶が2本あります。
　　ウーロン茶は、合わせて何Lありますか。

$$
\begin{array}{r}
1.5 \\
+ \\
\hline
\end{array}
$$

　式　□ ＋ □ ＝ □

答え 　　　　　L

3　石油タンクに、石油が3.3t入っています。
　　そこへ、1.7t入れました。
　　石油は合わせて何tになりましたか。

$$
\begin{array}{r}
 \\
+ \\
\hline
\end{array}
$$

　式　□ ＋ □ ＝ □

答え 　　　　　t

4　家から海岸まで歩くと、3.5kmあります。
　　この道をおうふくすると、何kmになりま
　すか。

$$
\begin{array}{r}
 \\
+ \\
\hline
\end{array}
$$

　式　□ ＋ □ ＝ □

答え 　　　　　km

79

☆　8.8kmのハイキングコースがあります。
　5.2km歩くと、休けいします。
　休けいの後、何km歩きますか。

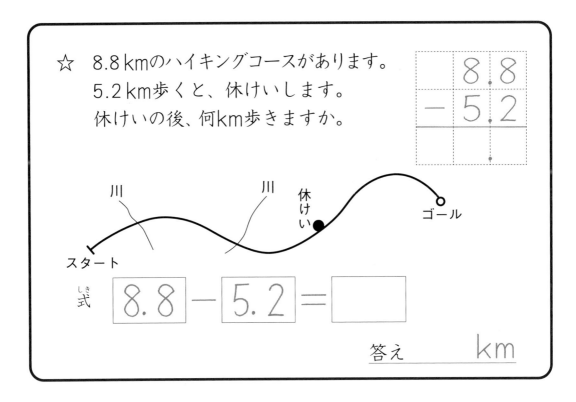

式　8.8 － 5.2 ＝ [　　]

答え　　　　　km

1　4.3kmの道を走っています。
　今、2.5kmのところを走っています。
　のこり何km走りますか。

式　4.3 － [　　] ＝ [　　]

答え　　　　km

80

2   家から公園を通って駅まで行くと、6.5km
です。家から公園までは、2.8kmです。
　公園から駅までは何kmですか。

		6.5
−		

家 　　　　　　　○公園 　　　　　　　駅

式 ☐ − ☐ = ☐

答え 　　　　　km

3   家からゆうびん局を通って植物園までは、
7.2kmです。家からゆうびん局までは、
2.4kmです。ゆうびん局から植物園までは何
kmですか。

−		

家 　　　　〒ゆうびん局 　　　　植物園

式 ☐ − ☐ = ☐

答え 　　　　　km

4   家から、公園の前を通って学校まで行くと
2.1kmです。公園から学校までは1.4kmで
す。家から公園まで何kmですか。

家 　　　　○公園 　　　　　　学校

式 ☐ − ☐ = ☐

答え 　　　　　km

月　　日

☆　米が8kgあります。
　　2.6kg使うと、のこりは何kgになりますか。

```
    8
 - 2.6
   5.4
```

式　8 − 2.6 ＝ 　　

答え　　　　　kg

1　小麦こが5kgあります。
　　2.4kg使うと、のこりは何kgになりますか。

```
     5
  -
```

式　5 − 　　 ＝ 　　

答え　　　　　kg

2　水そうに水が7.4L入っています。
　バケツで2.4Lくみ出すと、のこりは何Lに
なりますか。

$$\begin{array}{r} 7.4 \\ -\ 2.4 \\ \hline 5.0 \end{array}$$

式　□ － □ ＝ □

答え　　　　　L

3　サラダ油が1.8Lあります。
　0.8L使うと、のこりは何Lになりますか。

サラダ油 SALAD ~OIL~

式　□ － □ ＝ □

答え　　　　　L

4　かばの重さは4.2tで、インドぞうは5.2t
です。インドぞうのほうが何t重いですか。

式　□ － □ ＝ □

答え　　　　　t

83

小数のたし算・ひき算　名前

1　ジュースが1.2Lあります。
　　新しいジュースを2L買ってきました。
　　あわせて何Lありますか。　（式10点，答え10点）

式　□ ＋ □ ＝ □

答え　　　　　　　L

2　長さ5mのリボンから、3.2mを切って使い
　　ました。のこりは何mですか。（式10点，答え10点）

式　□ － □ ＝ □

答え　　　　　　　m

3 3.6mのテープに、4.8mのテープをつなぎ
ました。
　　あわせて何mですか。　　　　　（式10点，答え10点）

式　[　　] ＋ [　　] ＝ [　　]

答え　　　　　　　　m

4 水が8L入るバケツがあります。
今2.5L水が入っています。
あと何L水が入りますか。　　（式10点，答え10点）

式　[　　] － [　　] ＝ [　　]

答え　　　　　　　　L

5 家から、ゆうびん局の前を通って学校まで
2.1kmです。家からゆうびん局まで0.7km
です。ゆうびん局から学校までは何kmありま
すか。　　　　　　　　　　　　（式10点，答え10点）

式　[　　] － [　　] ＝ [　　]

答え　　　　　　　　km

☆　なすのなえが、30本植えてあります。新しく何本か
（□）植えたので、50本になりました。新しく植えた
のは何本ですか。

① わからない数を□として、式で表しましょう。

式　$30 + \square = \square$

② □に、あてはまる数をみつけましょう。

式　$50 - 30 = \square$　　　　答え　　　　本

1　トマトのなえが、35本植えてあります。新しく何本か（□）
植えたので、65本になりました。
　新しく植えたのは何本ですか。

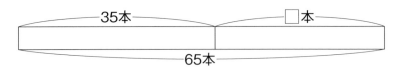

① わからない数を□として、式で表しましょう。

式　$35 + \square = \square$

② □に、あてはまる数をみつけましょう。

式　$65 - \square = \square$　　　　答え　　　　本

2　色紙を 25 まい持っていました。姉さんから何まいか（□）もらったので、60 まいになりました。もらったのは何まいですか。

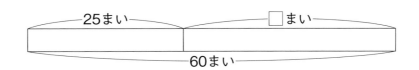

① わからない数を□として、式で表しましょう。

式　□ ＋ □ ＝ □

② □に、あてはまる数をみつけましょう。

式　□ － □ ＝ □

答え　　　まい

3　こん虫のカードを 30 まい持っていました。兄さんから何まいか（□）もらったので 62 まいになりました。もらったのは何まいですか。

① わからない数を□として、式で表しましょう。

式　□ ＋ □ ＝ □

② □に、あてはまる数をみつけましょう。

式　□ － □ ＝ □

答え　　　まい

☆　なすのなえが何本か（□）ありました。30本植えたので、のこりは 10 本です。はじめ、何本ありましたか。

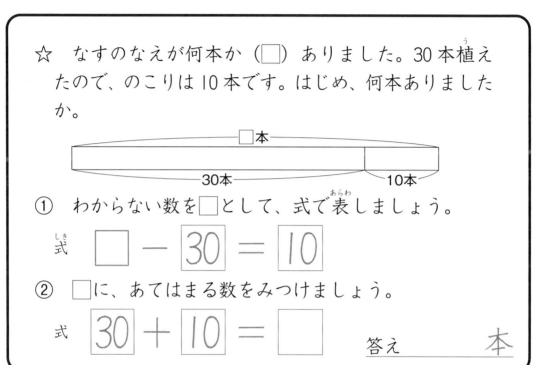

① わからない数を□として、式で表しましょう。

式　$\boxed{} - \boxed{30} = \boxed{10}$

② □に、あてはまる数をみつけましょう。

式　$\boxed{30} + \boxed{10} = \boxed{}$　　答え　　　　　本

1　トマトのなえが何本か（□）あります。35本を畑に植えたので、のこりは 30 本です。はじめ、何本ありましたか。

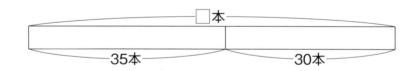

① わからない数を□として、式で表しましょう。

式　$\boxed{} - \boxed{35} = \boxed{}$

② □に、あてはまる数をみつけましょう。

式　$\boxed{35} + \boxed{} = \boxed{}$　　答え　　　　　本

② 色紙を何まいか（□）持っていました。妹に25まいあげると、のこりは45まいです。はじめ、何まい持っていましたか。

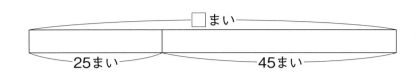

① わからない数を□として、式で表しましょう。

式

② □に、あてはまる数をみつけましょう。

式

答え ____ まい

③ パンを何こか（□）売っています。午前中に70こ売れたので、のこりは30こです。はじめ、何こありましたか。

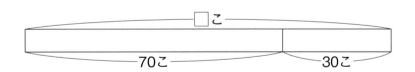

① わからない数を□として、式で表しましょう。

式 □ － □ ＝ □

② □に、あてはまる数をみつけましょう。

式 □ ＋ □ ＝ □

答え ____ こ

☆　1箱に□こ入りのクッキーは、5箱で40こです。
　　クッキーは1箱何こ入りですか。

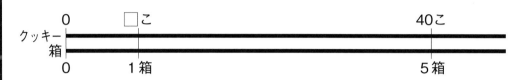

① わからない数を□として、式で表しましょう。

式　$\boxed{} \times \boxed{5} = \boxed{40}$

② □に、あてはまる数をみつけましょう。

式　$\boxed{40} \div \boxed{5} = \boxed{}$　　答え＿＿＿＿こ

1　1箱に□こ入りのボールは、8箱で48こです。
　　ボールは、1箱何こ入りですか。

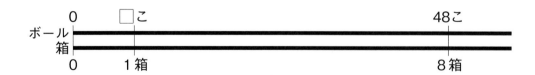

① わからない数を□として、式で表しましょう。

式　$\boxed{} \times \boxed{8} = \boxed{}$

② □にあてはまる数をみつけましょう。

式　$\boxed{} \div \boxed{} = \boxed{}$　　答え＿＿＿＿こ

2 1セット8本入りのカラーペンは、□セットで56本です。カラーペンは何セットありますか。

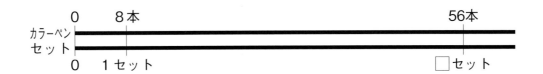

① わからない数を□として、式で表しましょう。

式

② □にあてはまる数をみつけましょう。

式 □ ÷ □ = □

答え ____ セット

3 1パック10こ入りのたまごは、□パックで90こです。たまごは何パックありますか。

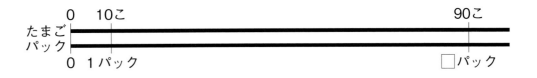

① わからない数を□として、式で表しましょう。

式 □ × □ = □

② □にあてはまる数をみつけましょう。

式 □ ÷ □ = □

答え ____ パック

☆　何こかあるあめ（□）を、5人で同じ数ずつ分けると、1人分は8こです。あめは全部で何こありますか。

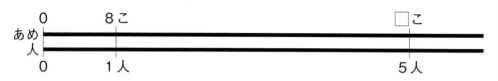

① わからない数を□として、式で表しましょう。

式　$\boxed{} \div \boxed{5} = \boxed{8}$

② □に、あてはまる数をみつけましょう。

式　$\boxed{8} \times \boxed{5} = \boxed{}$

答え　　　　　　　こ

1　何こかあるプリン（□）を、7人で同じ数ずつ分けると、1人分は5こです。

プリンは、全部で何こありますか。

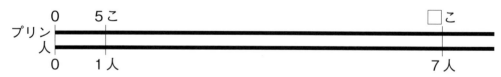

① わからない数を□として、式で表しましょう。

式　$\boxed{} \div \boxed{7} = \boxed{}$

② □にあてはまる数をみつけましょう。

式　$\boxed{} \times \boxed{} = \boxed{}$

答え　　　　　　　こ

92

2 　何まいの色紙（□）を、6人で同じ数ずつ分けると1人分は
　　7まいです。色紙は全部で何まいありますか。

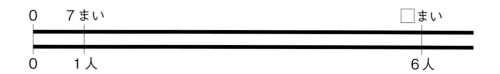

　　① 　わからない数を□として、式で表しましょう。

　　　式 　□ ÷ □ = □

　　② 　□にあてはまる数をみつけましょう。

　　　式 　□ × □ = □

　　　　　　　　　　　　　　　　　　　　　答え 　　　まい

3 　何まいかある画用紙（□）を、9人で同じ数ずつ分けると、
　　1人分は6まいです。画用紙は全部で何まいありますか。

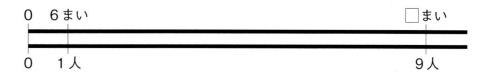

　　① 　わからない数を□として、式で表しましょう。

　　　式 　□ ÷ □ = □

　　② 　□にあてはまる数をみつけましょう。

　　　式 　□ × □ = □

　　　　　　　　　　　　　　　　　　　　　答え 　　　まい

1　トマトのなえが24本あります。新しく何本か（□）植えたので、50本になりました。新しく植えたのは何本ですか。

①　わからない数を□として、式を表しましょう。　　（10点）

式

②　□にあてはまる数をみつけましょう。　　（式10点，答え5点）

式

答え　　　　　本

2　色紙を何まいか（□）持っていました。弟に28まいあげると、のこりは37まいです。はじめ、何まい持っていましたか。

①　わからない数を□として、式に表しましょう。　　（10点）

式

②　□にあてはまる数をみつけましょう。　　（式10点，答え5点）

式

答え　　　　　まい

3　1セット8本入りのカラーペンは、□セットで64本です。カラーペンは何セットありますか。

① わからない数を□として、式で表しましょう。　(10点)

式

② □にあてはまる数をみつけましょう。　(式10点, 答え5点)

式

答え　　　セット

4　何こかあるあめ（□）を8人で同じ数ずつ分けると、1人分は9こになります。あめは全部で何こありますか。

① わからない数を□として、式に表しましょう。　(10点)

式

② □にあてはまる数をみつけましょう。　(式10点, 答え5点)

式

答え　　　こ

いろいろな問題 ①（重さ）　名前

☆　重さ 300 g の箱に、
920 g の毛糸を入れ
ます。全体の重さは
何gですか。またそれ
は、何kg何gですか。

	3	0	0
+	9	2	0

式　| 300 ＋ | | ＝ | |

答え　　　　g,　　　kg　　　g

1　重さ 250 g のかんに、さ
とうを 1200 g 入れます。
　全体の重さは何gです
か。またそれは、何kg何g
ですか。

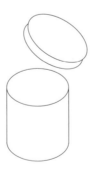

		2	5	0
+				

式　☐ ＋ ☐ ＝ ☐

答え _____ g,　　　kg　　　g

2 ランドセルの重さは 1400 g です。
　　このランドセルに、教科書やノートなど、1350 g を入れると、全体の重さは何gになりますか。
　　またそれは、何kg何gですか。

式　□ ＋ □ ＝ □

答え _____ g, ____ kg ____ g

3 850 g のかごに、くだものを 2350 g 入れます。
　　全体の重さは何gになりますか。
　　またそれは、何kg何gですか。

式　□ ＋ □ ＝ □

答え _____ g, ____ kg ____ g

いろいろな問題 ②（重さ） 名前

☆　毛糸の入った箱の重さは、
1250 gです。箱だけの重さは
400 gです。毛糸の重さは何g
ですか。

	1	2	5	0
−		4	0	0

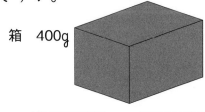

箱　400g

式　| 1250 | − | 400 | = | |

答え　　　　　　　　g

1　くだものを入れたかご全体の重さ
は、2100 gです。かごだけの重さは、
900 gです。
　　くだものの重さは何gですか。

	2	1	0	0
−				

式　| | − | | = | |

答え　　　　　　　　g

2 　メロンの入った箱全体の重さは
2350 g です。箱だけの重さは 1050 g
です。
　　メロンの重さは何gですか。また
それは、何kg何gですか。

一			

式　| □ | － | □ | ＝ | □ |

　　　　　　答え _____ g, _____ kg _____ g

3 　300 g のかごに、子ねこを入れて
重さをはかると、1560 g です。
　　子ねこの重さは何gですか。また
それは、何kg何gですか。

一			

式　| □ | － | □ | ＝ | □ |

　　　　　　答え _____ g, _____ kg _____ g

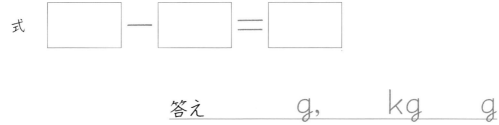

いろいろな問題 ③（分数）

☆　1 L の入れ物に、**ア. イ**のように水が入っています。

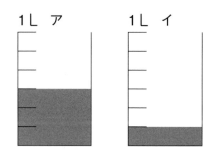
1L ア　　1L イ

① あわせて何 L ですか。

$$\frac{3}{6} + \frac{1}{6} = \frac{\boxed{}}{6}$$

①

答え 　—— L

② ちがいは何 L ですか。

$$\frac{3}{6} - \frac{1}{6} = \frac{\boxed{}}{6}$$

②

答え 　—— L

1　1 L の入れ物に、**ウ. エ**のように水が入っています。

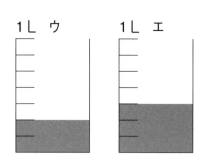
1L ウ　　1L エ

① あわせて何 L ですか。

$$\frac{2}{7} + \frac{\boxed{}}{\boxed{}} = \frac{\boxed{}}{\boxed{}}$$

①

答え 　—— L

② ちがいは何 L ですか。

$$\frac{3}{7} - \frac{\boxed{}}{\boxed{}} = \frac{\boxed{}}{\boxed{}}$$

②

答え 　—— L

② アップルジュースとパインジュース
をまぜて、ミックスジュースを作りま
す。

ミックスジュースは何Lできますか。

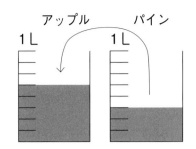

式 □ ＋ □ ＝ □

＝ □

③ オレンジジュースが 1Lあります。

そこから $\frac{4}{7}$ Lをべつの入れ物にう
つすと、のこりは何L ですか。

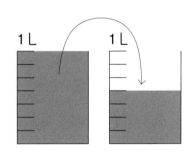

式 □ － □ ＝ □ － □

＝ □

答え _____

101

月　　　日

☆　今、午前9時です。

① 1時間20分後は、何時何分ですか。

答え　午前10時20分

② 1時間30分前は、何時何分ですか。

答え　午前7時　　分

1　今、午前10時10分です。

① 1時間15分後は、何時何分ですか。

答え＿＿＿＿＿＿＿＿＿＿＿

② 1時間45分前は、何時何分ですか。

答え＿＿＿＿＿＿＿＿＿＿＿

2 今、午後3時です。

① 1時間30分後は、何時何分ですか。

答え _____

② 1時間40分前は、何時何分ですか。

答え _____

3 今、午前11時10分です。

① 2時間30分後は、何時何分ですか。

答え _____

② 2時間20分前は、何時何分ですか。

答え _____

4 今、午後1時40分です。

① 2時間10分後は、何時何分ですか。

答え _____

② 2時間15分前は、何時何分ですか。

答え _____

月　　日

☆　午前9時から、正午まで
　は、何時間ありますか。

式　12時 $-$ 9時 $=$ □時間

答え＿＿＿＿＿＿＿＿＿＿

1　午前8時から午後1時まで
　は、何時間ありますか。

午後1時は13時だから

式　□時 $-$ 8時 $=$ □時間

答え＿＿＿＿＿＿＿＿＿＿

2　午後 1 時 30 分から午後 3 時 40 分までは、何時間何分ありますか。

式　□時□分 － □時□分

＝ □時間□分

答え＿＿＿＿＿＿＿＿

3　午前 7 時 20 分から午前 9 時までは、何時間何分ありますか。

式　8時60分 － □時□分

＝ □時間□分

答え＿＿＿＿＿＿＿＿

4　午前 10 時 30 分から、午後 2 時 20 分までは、何時間何分ありますか。

　　午後 2 時 20 分は、14 時 20 分だから

式　13時80分 － □時□分

＝ □時間□分

答え＿＿＿＿＿＿＿＿

105

............月......日

☆　１辺が５cmの正三角形があります。

この正三角形のまわりの長さは何cmですか。

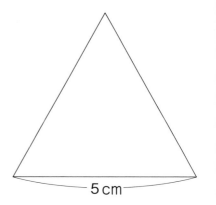

5 cm

式　$5 × \boxed{} = \boxed{}$

答え ＿＿＿＿＿ cm

1　１辺が７cmの正三角形があります。

この正三角形のまわりの長さは何cmですか。

三角形をなぞりましょう。

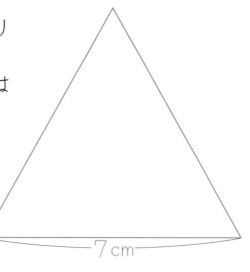

7 cm

式　$\boxed{} × 3 = \boxed{}$

答え ＿＿＿＿＿ cm

2 　１辺が３cmの正三角形２こが、図のよう
に１つの辺でぴったりつながっています。
　まわりの長さは何cmですか。
（太い線がまわりです。）

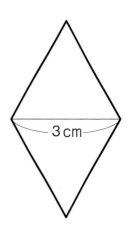

式 　$3 × \boxed{} = \boxed{}$

答え ＿＿＿＿＿＿ cm

3 　１辺４cmの正三角形
が３こ、図のようになら
んでいます。
　この形のまわりの長さ
は何cmですか。

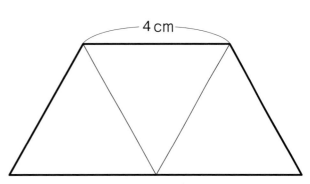

式 　$\boxed{} × \boxed{} = \boxed{}$

答え ＿＿＿＿＿＿ cm

4 　１辺３cmの正三角形が４こ、図の
ようにならんでいます。
　まわりの長さは何cmですか。

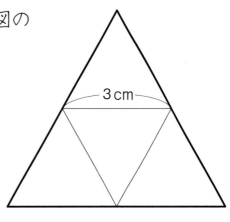

式 　$\boxed{} × \boxed{} = \boxed{}$

答え ＿＿＿＿＿＿ cm

..........月......日

☆　2辺が7mと7mで、のこりの1辺が3mの二等辺三角形があります。この二等辺三角形の辺を1しゅうすると何mですか。

$$7 \times 2 = 14$$
$$14 + 3 = 17$$

を1つの式にすると

式　$\boxed{7} \times \boxed{2} + \boxed{3} = \boxed{}$

14　　+　3

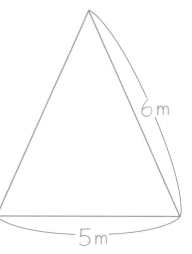

7m

3m

答え ＿＿＿＿＿ m

1　2辺が6mと6mで、のこりの1辺が5mの二等辺三角形があります。

　この二等辺三角形を1しゅうすると何mですか。

　三角形をなぞりましょう。

$$6 \times 2 = \bigcirc$$
$$\bigcirc + 5 = \square$$

を1つの式にすると

6m

5m

式　$\boxed{6} \times \boxed{} + \boxed{} = \boxed{}$

答え ＿＿＿＿＿ m

2 2辺が3mと3mで、のこりの1辺が
   4mの二等辺三角形が、右の図のように
   ぴったりつながっています。
   まわりの長さは何mですか。
   （太い線がまわりです）

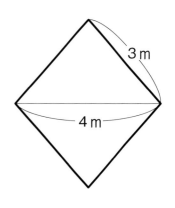

式 3×□＝□

答え _____ m

3 図のように、同じ二等辺三角形がなら
   んでいます。まわりの長さは何mですか。

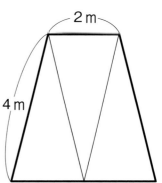

式 4×□＝□   2×□＝□

    □＋□＝□

答え _____ m

4 図のように、同じ二等辺三角形がなら
   んでいます。まわりの長さは何mですか。

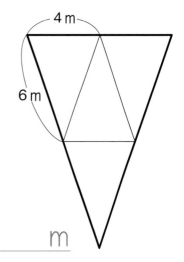

式 4×□＝□

    □×□＝□

    □＋□＝□

答え _____ m

いろいろな問題 ⑧ (円と球)

名前

☆　1辺が8cmの正方形の中に、円がきちんと入っています。

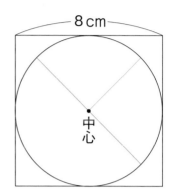

① 直けいを1つかきましょう。直けいは何cmですか。

答え　　　　　　cm

② 半けいを1つかきましょう。半けいは何cmですか。

式　□ ÷ 2 ＝ □

答え　　　　　　cm

1　直けい8cmの円の中に、同じ大きさの円が2つならんで入っています。

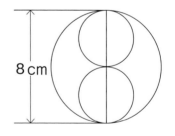

① 小さい円の直けいは何cmですか。

式　8 ÷ □ ＝ □

答え　　　　　　cm

② 小さい円の半けいは何cmですか。

式　□ ÷ □ ＝ □

答え　　　　　　cm

2 直けい8cmの円が、まっすぐに3こならんでいます。

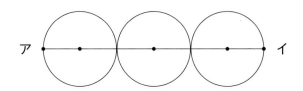

点アから点イまでは何cmですか。

式　□ × □ = □　　　　　答え ＿＿＿＿ cm

3 半けい4cmの円が、まっすぐに5こならんでいます。

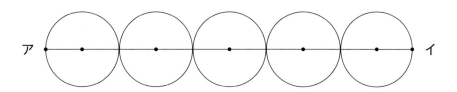

点アから点イまでは何cmですか。

式　□ × □ = □　　　　　答え ＿＿＿＿ cm

4 半けい6cmの円が、下の図のようにならんでいます。

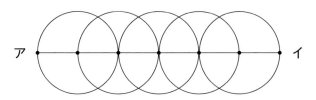

点アから点イまでは何cmですか。

式　□ × □ = □　　　　　答え ＿＿＿＿ cm

☆　1辺12cmの正方形でかこまれた箱に、きちんと入っている球があります。

この球の半けいは何cmですか。

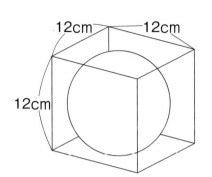

式　$12 \div 2 = \boxed{}$

答え　　　　　　cm

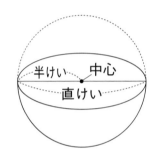

1　半けいが5cmのボールが、つつにきちんと2こ入っています。

①　ボールの直けいは何cmですか。

式　$5 \times \boxed{} = \boxed{}$

答え　　　　　　cm

②　2こ分の高さは何cmですか。

式　$\boxed{} \times \boxed{} = \boxed{}$
直けい

答え　　　　　　cm

② 半けい３cmのボールが、図のように６こ
きちんと入っています。
　箱のたて、横は何cmですか。

たて ☐ × ２ = ☐
直けい

答え ＿＿＿＿ cm

横 ☐ × ☐ = ☐
直けい

答え ＿＿＿＿ cm

③ 半けい４cmのボールが８こ、きちんと箱
に入っています。
　箱のたて、横は何cmですか。

たて ☐ × ☐ = ☐
直けい

答え ＿＿＿＿ cm

横 ☐ × ☐ = ☐
直けい

答え ＿＿＿＿ cm

④ 半けい５cmのボールが、図のように
12こきちんと箱に入っています。
　箱のたて、横は何cmですか。

たて ☐ × ☐ = ☐
直けい

答え ＿＿＿＿ cm

横 ☐ × ☐ = ☐
直けい

答え ＿＿＿＿ cm

こ た え

わり算には2つの性質があります。
「全体を等しく分けて、その1つ分を調べる方法（等分除）」と「全体を同じ数ずつ分けて、いくつに分けられるか調べる方法（包含除）」です。

P．4、5　わり算①

☆　式　　$30 \div 6 = 5$

答え　5こ

1　式　　$30 \div 5 = 6$

答え　6こ

2　式　　$18 \div 3 = 6$

答え　6本

3　式　　$40 \div 8 = 5$

答え　5本

4　式　　$28 \div 4 = 7$

答え　7本

2けた÷1けたのわり算。全体を等しく分けて1つ分を求める等分除の問題です。
わり算は、答えとわる数（÷□の四角に入る数）をかけると、もとの数になります。

P．6、7　わり算②

☆　式　　$54 \div 6 = 9$

答え　9こ

1　式　　$20 \div 5 = 4$

答え　4こ

2　式　　$15 \div 5 = 3$

答え　3びき

3　式　　$35 \div 7 = 5$

答え　5こ

4　式　　$64 \div 8 = 8$

答え　8こ

2けた÷1けたのわり算です。
等分除の問題です。4マス表を使って考えると分かりやすくなります。

P．8、9　わり算③

☆　式　　$30 \div 5 = 6$

答え　6箱

1　式　　$24 \div 8 = 3$

答え　3皿

2　式　　$48 \div 8 = 6$

答え　6かご

3　式　　$42 \div 6 = 7$

答え　7まい

4　式　　$24 \div 3 = 8$

答え　8こ

2けた÷1けたのわり算です。
全体を同じ数ずつ分けて、いくつに分けられるかを求める包含除の問題です。
（全体）÷（いくつずつ）となります。等分除と包含除の違いに気を付けて問題を解いていきましょう。

P．10、11　わり算④

☆　式　　$48 \div 6 = 8$

答え　8ケース

1　式　　$21 \div 3 = 7$

答え　7まい

2 式　　12 ÷ 2 = 6

　　　　　　　　　　　答え　6人

3 式　　24 ÷ 4 = 6

　　　　　　　　　　　答え　6箱

4 式　　40 ÷ 5 = 8

　　　　　　　　　　　答え　8人

> 2けた÷1けたのわり算です。
> 包含除の問題です。4マス表を使
> って考えると分かりやすくなります。

P. 12、13　わり算⑤

☆ 式　　21 ÷ 3 = 7

　　　　　　　　　　　答え　7 m

1 式　　20 ÷ 4 = 5

　　　　　　　　　　　答え　5 m

2 式　　30 ÷ 5 = 6

　　　　　　　　　　　答え　6 cm

3 式　　42 ÷ 7 = 6

　　　　　　　　　　　答え　6 さい

4 式　　56 ÷ 8 = 7

　　　　　　　　　　　答え　7 こ

> 2けた÷1けたのわり算です。
> ☆横の長さがわかっていて、横の長
> さが、たての長さの3倍です。たて
> の長さは、横の長さを3つに分けた
> 1つ分です。

P. 14、15　わり算⑥

☆ 式　　42 ÷ 7 = 6

　　　　　　　　　　　答え　6倍

1 式　　72 ÷ 8 = 9

　　　　　　　　　　　答え　9倍

2 式　　32 ÷ 8 = 4

　　　　　　　　　　　答え　4倍

3 式　　14 ÷ 7 = 2

　　　　　　　　　　　答え　2倍

4 式　　45 ÷ 9 = 5

　　　　　　　　　　　答え　5倍

> 何倍を求めるわり算です。

P. 16、17　わり算　まとめ

1 式　　36 ÷ 4 = 9

　　　　　　　　　　　答え　9さつ

2 式　　72 ÷ 8 = 9

　　　　　　　　　　　答え　9箱

3 式　　56 ÷ 7 = 8

　　　　　　　　　　　答え　8こ

4 式　　45 ÷ 5 = 9

　　　　　　　　　　　答え　9さい

5 式　　32 ÷ 8 = 4

　　　　　　　　　　　答え　4倍

P. 18、19　あまりのあるわり算①

☆ 式　　17 ÷ 3 = 5 あまり 2

　　　　　　　　答え　5こ，あまり2こ

1 式　　15 ÷ 7 = 2 あまり 1

　　　　　　　　答え　2こ，あまり1こ

2 式　　49 ÷ 8 = 6 あまり 1

　　　　　　　　答え　6こ，あまり1こ

3 式　　35 ÷ 4 = 8 あまり 3

　　　　　　　　答え　8こ，あまり3こ

4 式　　37 ÷ 5 = 7 あまり 2

　　　　　　　　答え　7本，あまり2本

あまりのあるわり算です。
2けた÷1けたのわり算、あまりありの問題です。
あまりは、わる数より小さくなります。

P. 20、21　あまりのあるわり算②

☆　式　　$23 \div 7 = 3$ あまり 2

答え　3人，あまり2こ

① 式　　$26 \div 4 = 6$ あまり 2

答え　6人，あまり2こ

② 式　　$43 \div 5 = 8$ あまり 3

答え　8たば，あまり3本

③ 式　　$37 \div 7 = 5$ あまり 2

答え　5たば，あまり2本

④ 式　　$35 \div 6 = 5$ あまり 5

答え　5人，あまり5こ

あまりのあるわり算。包含除の問題です。

P. 22、23　あまりのあるわり算③

☆　式　　$20 \div 3 = 6$ あまり 2

答え　6こ，あまり2こ

① 式　　$30 \div 4 = 7$ あまり 2

答え　7こ，あまり2こ

② 式　　$50 \div 6 = 8$ あまり 2

答え　8こ，あまり2こ

③ 式　　$60 \div 9 = 6$ あまり 6

答え　6本，あまり6本

④ 式　　$40 \div 7 = 5$ あまり 5

答え　5本，あまり5本

わり算の計算のひき算は、くり下がります。注意しましょう。
☆では20−18でくり下がりになります。

P. 24、25　あまりのあるわり算④

☆　式　　$20 \div 3 = 6$ あまり 2

答え　6ふくろ，あまり2本

① 式　　$30 \div 8 = 3$ あまり 6

答え　3人，あまり6こ

② 式　　$50 \div 6 = 8$ あまり 2

答え　8箱，あまり2こ

③ 式　　$40 \div 7 = 5$ あまり 5

答え　5たば，あまり5本

④ 式　　$52 \div 7 = 7$ あまり 3

答え　7週間と3日

わり算の計算のひき算は、くり下がります。注意して計算しましょう。

P. 26、27　あまりのあるわり算⑤

☆　式　　$41 \div 6 = 6$ あまり 5

答え　6かご，あまり5こ

① 式　　$62 \div 8 = 7$ あまり 6

答え　7箱，あまり6こ

② 式　　$71 \div 9 = 7$ あまり 8

答え　7本，あまり8m

③ 式　　$55 \div 8 = 6$ あまり 7

答え　6本，あまり7cm

④ 式　　$53 \div 7 = 7$ あまり 4

答え　7かご，あまり4こ

P．28、29　あまりのあるわり算⑥

☆　式　　$22 \div 6 = 3$ あまり 4

　　　　　　　　　　　　答え　　3人

① 式　　$32 \div 7 = 4$ あまり 4

　　　　　　　　　　　　答え　　4人

② 式　　$62 \div 9 = 6$ あまり 8

　　　　　　　　　　　　答え　　6まい

③ 式　　$57 \div 8 = 7$ あまり 1

　　　　　　　　　　　　答え　　7本

④ 式　　$53 \div 6 = 8$ あまり 5

　　　　　　　　　　　　答え　　8箱

> あまりを捨てて処理する問題です。☆では、6で分けられた数は3（人）となり、あまりの4個は切り捨てて、答え3人となります。

P．30、31　あまりのあるわり算⑦

☆　式　　$11 \div 4 = 2$ あまり 3

　　　　　　　　　　　　答え　　3箱

① 式　　$31 \div 4 = 7$ あまり 3

　　　　　　　　　　　　答え　　8箱

② 式　　$42 \div 9 = 4$ あまり 6

　　　　　　　　　　　　答え　　5こ

③ 式　　$52 \div 8 = 6$ あまり 4

　　　　　　　　　　　　答え　　7まい

④ 式　　$34 \div 7 = 4$ あまり 6

　　　　　　　　　　　　答え　　5回

> あまりを1つ分として処理する問題です。☆では、4個ずつ箱に入ったのは2つですが、あまり3個あるので、新しく1箱必要になるので答えは3箱となります。

P．32、33　あまりのあるわり算　まとめ

① 式　　$25 \div 6 = 4$ あまり 1

　　　　　　　　　答え　　4本，あまり1本

② 式　　$50 \div 6 = 8$ あまり 2

　　　　　　　　　答え　　8箱，あまり2こ

③ 式　　$41 \div 6 = 6$ あまり 5

　　　　　　　　　答え　　6こ，あまり5こ

④ 式　　$55 \div 7 = 7$ あまり 6

　　　　　　　　　　　　答え　　7本

⑤ 式　　$53 \div 6 = 8$ あまり 5

　　　　　　　　　　　　答え　　9こ

P．34、35　かけ算（×1けた）①

☆　式　　$42 \times 6 = 252$

　　　　　　　　　　　　答え　　252円

① 式　　$36 \times 4 = 144$

　　　　　　　　　　　　答え　　144円

② 式　　$95 \times 5 = 475$

　　　　　　　　　　　　答え　　475円

③ 式　　$74 \times 3 = 222$

　　　　　　　　　　　　答え　　222円

> 大きな数のかけ算でくり上がりが1回の問題です。
> くり上がりの数（補助数字）を書くと正確に計算できます。

P．36、37　かけ算（×1けた）②

☆　式　　$53 \times 6 = 318$

　　　　　　　　　　　　答え　　318円

① 式　　$36 \times 8 = 288$

　　　　　　　　　　　　答え　　288円

② 式　　$85 \times 2 = 170$

　　　　　　　　　　　　答え　　170円

③ 式　　96 × 3 = 288

答え　288円

2けた×1けたのかけ算、くり上がりがある問題です。

P．38、39　かけ算（×1けた）③

☆　式　　56 × 8 = 448

答え　448円

① 式　　83 × 6 = 498

答え　498円

② 式　　72 × 5 = 360

答え　360円

③ 式　　96 × 4 = 384

答え　384円

2けた×1けたのかけ算です。4マス表を使って、どの数を求めるかしっかり理解して解きましょう。

P．40、41　かけ算（×1けた）④

☆　式　　125 × 3 = 375

答え　375m

① 式　　315 × 4 = 1260

答え　1260m

② 式　　426 × 6 = 2556

答え　2556m

③ 式　　267 × 5 = 1335

答え　1335m

3けた×1けたのかけ算です。かけられる数が大きくなりますが、これまでと同様、1の位から順に計算しましょう。

P．42、43　かけ算（×1けた）⑤

☆　式　　231 × 6 = 1386

答え　1386円

① 式　　248 × 5 = 1240

答え　1240円

② 式　　283 × 7 = 1981

答え　1981円

③ 式　　892 × 3 = 2676

答え　2676円

3けた×1けたのかけ算です。くり上がりに注意しましょう。くり上がりの数（補助数字）を書くと正確に計算できます。

P．44、45　かけ算（×1けた）⑥

☆　式　　435 × 3 = 1305

答え　1305m

① 式　　235 × 5 = 1175

答え　1175円

② 式　　275 × 6 = 1650

答え　1650円

③ 式　　296 × 5 = 1480

答え　1480円

3けた×1けたのかけ算。4マス表を使って、どの数を求めるかしっかり理解して解きましょう。

P．46、47　かけ算（×1けた）　まとめ

1 式　　48 × 6 = 288

　　　　　　　　答え　288円

2 式　　67 × 7 = 469

　　　　　　　　答え　469円

3 式　　125 × 5 = 625

　　　　　　　　答え　625m

4 式　　328 × 6 = 1968

　　　　　　　　答え　1968円

5 式　　530 × 8 = 4240

　　　　　　　　答え　4240円

P．48、49　かけ算（×2けた）①

☆ 式　　45 × 52 = 2340

　　　　　　　　答え　2340円

1 式　　88 × 45 = 3960

　　　　　　　　答え　3960円

2 式　　96 × 34 = 3264

　　　　　　　　答え　3264円

3 式　　98 × 25 = 2450

　　　　　　　　答え　2450円

> 　2けた×2けたのかけ算です。「かけられる数」と「かける数」を間違わないように注意しましょう。☆を52×45とすると、答えは同じになりますが意味が違い、式で減点されてしまいます。「かけられる数」は1あたりの数と覚えておくとよいでしょう。

P．50、51　かけ算（×2けた）②

☆ 式　　58 × 25 = 1450

　　　　　　　　答え　1450円

1 式　　79 × 36 = 2844

　　　　　　　　答え　2844円

2 式　　48 × 45 = 2160

　　　　　　　　答え　2160円

3 式　　86 × 35 = 3010

　　　　　　　　答え　3010円

> 　かける数が2けたになると計算が難しく感じます。筆算にして、一の位から順に計算しましょう。

P．52、53　かけ算（×2けた）③

☆ 式　　38 × 36 = 1368

　　　　　　　　答え　1368円

1 式　　48 × 45 = 2160

　　　　　　　　答え　2160円

2 式　　88 × 26 = 2288

　　　　　　　　答え　2288円

3 式　　98 × 64 = 6272

　　　　　　　　答え　6272円

> 　かける数が2けたの筆算は、一の位と十の位で計算の段を変えます。
> 　☆なら、一段目はをかける数の一の位228、2段目は十の位の1140（値は1140ですが筆算では一の位の0はかきません。）2つを合わせて1368とします。

P．54、55　かけ算（×2けた）④

☆ 式　　648 × 38 = 24624

　　　　　　　　答え　24624円

1 式　　492 × 56 = 27552

　　　　　　　　答え　27552円

2 式　　136 × 85 = 11560

　　　　　　　　答え　11560円

③ 式 　　375×36＝13500

　　　　　　　　　　　答え　13500円

> 3けた×2けたのかけ算です。数が大きくなると難しく感じますが、くり上がりに注意して一の位から順に計算しましょう。

P. 56、57　かけ算（×2けた）⑤

☆ 式 　　627×64＝40128

　　　　　　　　　　　答え　40128円

① 式 　　735×38＝27930

　　　　　　　　　　　答え　27930円

② 式 　　284×53＝15052

　　　　　　　　　　　答え　15052円

③ 式 　　672×28＝18816

　　　　　　　　　　　答え　18816円

> 3けた×2けたのかけ算です。筆算で、一の位のかけ算と十の位のかけ算を合わせるときに、くり上がりに注意して計算しましょう。

P. 58、59　かけ算（×2けた）⑥

☆ 式 　　452×28＝12656

　　　　　　　　　　　答え　12656円

① 式 　　352×46＝16192

　　　　　　　　　　　答え　16192円

② 式 　　504×57＝28728

　　　　　　　　　　　答え　28728円

③ 式 　　375×48＝18000

　　　　　　　　　　　答え　18000円

> 3けた×2けたのかけ算です。4マス表に書き込んで、1あたりの金額と、知りたい数を正確に押さえて計算しましょう。

P. 60、61　かけ算（×2けた）　まとめ

① 式 　　63×35＝2205

　　　　　　　　　　　答え　2205円

② 式 　　97×68＝6596

　　　　　　　　　　　答え　6596円

③ 式 　　328×18－5904

　　　　　　　　　　　答え　5904円

④ 式 　　745×48＝35760

　　　　　　　　　　　答え　35760円

⑤ 式 　　540×25＝13500

　　　　　　　　　　　答え　13500円

P. 62、63　たし算・ひき算①

☆ 式 　　340＋125＝465

　　　　　　　　　　　答え　465円

① 式 　　720＋150＝870

　　　　　　　　　　　答え　870円

② 式 　　415＋365＝780

　　　　　　　　　　　答え　780人

③ 式 　　655＋237＝892

　　　　　　　　　　　答え　892人

④ 式 　　248＋335＝583

　　　　　　　　　　　答え　583まい

大きい数（３けたと３けた）のたし算です。

これまでと解き方は同じです。筆算にして一の位から計算しましょう。

☆、①はくり上がりなし、②、③、④は一の位がくり上がります。

P．64、65　たし算・ひき算②

☆　式　　240 + 285 = 525

　　　　　　　　　　　　　答え　525円

① 式　　252 + 584 = 836

　　　　　　　　　　　　　答え　836円

② 式　　376 + 440 = 816

　　　　　　　　　　　　　答え　816人

③ 式　　320 + 280 = 600

　　　　　　　　　　　　　答え　600人

④ 式　　350 + 550 = 900

　　　　　　　　　　　　　答え　900まい

３けたと３けたのたし算です。十の位がくり上がる計算です。

P．66、67　たし算・ひき算③

☆　式　　352 + 864 = 1216

　　　　　　　　　　　　　答え　1216円

① 式　　670 + 580 = 1250

　　　　　　　　　　　　　答え　1250円

② 式　　748 + 527 = 1275

　　　　　　　　　　　　　答え　1275人

③ 式　　856 + 728 = 1584

　　　　　　　　　　　　　答え　1584人

④ 式　　584 + 616 = 1200

　　　　　　　　　　　　　答え　1200さつ

３けたと３けたのたし算です。くり上がりが２回以上あります。くり上がりの数に注意して計算しましょう。

P．68、69　たし算・ひき算④

☆　式　　780 - 250 = 530

　　　　　　　　　　　　　答え　530円

① 式　　675 - 430 = 245

　　　　　　　　　　　　　答え　245円

② 式　　578 - 354 = 224

　　　　　　　　　　　　　答え　224人

③ 式　　689 - 432 = 257

　　　　　　　　　　　　　答え　257まい

④ 式　　666 - 434 = 232

　　　　　　　　　　　　　答え　232人

大きい数（３けたと３けた）のひき算です。

たし算と同様、筆算にして一の位から計算しましょう。

くり下がりなしの計算です。

P．70、71　たし算・ひき算⑤

☆　式　　640 - 380 = 260

　　　　　　　　　　　　　答え　260円

① 式　　820 - 270 = 550

　　　　　　　　　　　　　答え　550円

② 式　　976 - 348 = 628

　　　　　　　　　　　　　答え　628本

③ 式　　750 - 385 = 365

　　　　　　　　　　　　　答え　365まい

④ 式　　752 - 455 = 297

　　　　　　　　　　　　　答え　297人

3けたと3けたのひき算です。
1回くり下がりの問題です。

P．72、73　たし算・ひき算⑥

☆　式　　　1250 − 870 = 380

　　　　　　　　　　　　　　答え　380円

1　式　　　1320 − 640 = 680

　　　　　　　　　　　　　　答え　680円

2　式　　　1280 − 565 = 715

　　　　　　　　　　　　　　答え　715人

3　式　　　1562 − 627 = 935

　　　　　　　　　　　　　　答え　935人

4　式　　　1300 − 854 = 446

　　　　　　　　　　　　　　答え　446さつ

4けたと3けたのひき算です。
2回以上くり下がりがある問題で
す。

P．74、75　たし算・ひき算　まとめ

1　式　　　356 + 273 = 629

　　　　　　　　　　　　　　答え　629円

2　式　　　960 − 310 = 650

　　　　　　　　　　　　　　答え　650円

3　式　　　574 − 198 = 376

　　　　　　　　　　　　　　答え　376人

4　式　　　567 + 689 = 1256

　　　　　　　　　　　　　　答え　1256人

5　式　　　1560 − 680 = 880

　　　　　　　　　　　　　　答え　880円

P．76、77　小数のたし算・ひき算①

☆　式　　　1.6 + 2.3 = 3.9

　　　　　　　　　　　　　　答え　3.9km

1　式　　　1.4 + 4.2 = 5.6

　　　　　　　　　　　　　　答え　5.6km

2　式　　　0.6 + 4.8 = 5.4

　　　　　　　　　　　　　　答え　5.4km

3　式　　　0.8 + 0.6 = 1.4

　　　　　　　　　　　　　　答え　1.4km

4　式　　　0.7 + 1.2 = 1.9

　　　　　　　　　　　　　　答え　1.9km

小数のたし算です。家からある地
点を通って目的地に向かうので、2
つの距離をたし算します。小数の計
算では小数点をそろえて計算しま
す。答えに小数点を忘れずにかきま
しょう。

P．78、79　小数のたし算・ひき算②

☆　式　　　2.4 + 1.6 = 4

　　　　　　　　　　　　　　答え　4 km

1　式　　　3.5 + 4.5 = 8

　　　　　　　　　　　　　　答え　8kg

2　式　　　1.5 + 1.5 = 3

　　　　　　　　　　　　　　答え　3 L

3　式　　　3.3 + 1.7 = 5

　　　　　　　　　　　　　　答え　5 t

4　式　　　3.5 + 3.5 = 7

　　　　　　　　　　　　　　答え　7 km

小数のたし算です。2つの数をた
して、小数第一位が0になる問題で
す。答えには、小数第一位の0と小
数点は消して書きます。

P．80、81　小数のたし算・ひき算③

☆　式　　　$8.8 - 5.2 = 3.6$

答え　3.6km

1　式　　　$4.3 - 2.5 = 1.8$

答え　1.8km

2　式　　　$6.5 - 2.8 = 3.7$

答え　3.7km

3　式　　　$7.2 - 2.4 = 4.8$

答え　4.8km

4　式　　　$2.1 - 1.4 = 0.7$

答え　0.7km

> 　小数のひき算です。小数のたし算と同様に、小数点をそろえて計算します。答えに小数点を忘れずに書きましょう。

P．82、83　小数のたし算・ひき算④

☆　式　　　$8 - 2.6 = 5.4$

答え　5.4kg

1　式　　　$5 - 2.4 = 2.6$

答え　2.6kg

2　式　　　$7.4 - 2.4 = 5$

答え　5 L

3　式　　　$1.8 - 0.8 = 1$

答え　1 L

4　式　　　$5.2 - 4.2 = 1$

答え　1 t

> 　小数のひき算です。☆や1のように整数－小数を計算するときは、整数を 8 →8.0 と考えて小数点をそろえて計算しましょう。

P．84、85　小数のたし算・ひき算　まとめ

1　式　　　$1.2 + 2 = 3.2$

答え　3.2 L

2　式　　　$5 - 3.2 = 1.8$

答え　1.8m

3　式　　　$3.6 + 4.8 = 8.4$

答え　8.4m

4　式　　　$8 - 2.5 = 5.5$

答え　5.5 L

5　式　　　$2.1 - 0.7 = 1.4$

答え　1.4km

P．86、87　□を使って①

☆　①　式　　　$30 + \square = 50$

②　式　　　$50 - 30 = 20$

答え　20本

1　①　式　　　$35 + \square = 65$

②　式　　　$65 - 35 = 30$

答え　30本

2　①　式　　　$25 + \square = 60$

②　式　　　$60 - 25 = 35$

答え　35まい

3　①　式　　　$30 + \square = 62$

②　式　　　$62 - 30 = 32$

答え　32まい

> 　「わからない数」を□として考える問題です。☆は最初の数30と、合計の数50が分かっていて、増やした数が分からないので□とします。30本から増やしたので、式は、30＋□＝50となります。

P．88、89　□を使って②

☆　① 式　　□－30＝10

　　② 式　　30＋10＝40

　　　　　　　　　　　答え　40本

1　① 式　　□－35＝30

　　② 式　　35＋30＝65

　　　　　　　　　　　答え　65本

2　① 式　　□－25＝45

　　② 式　　25＋45＝70

　　　　　　　　　　　答え　70まい

3　① 式　　□－70＝30

　　② 式　　70＋30＝100

　　　　　　　　　　　答え　100こ

> 「わからない数」を□として考え
> る問題です。☆は最初の数が分から
> ないので□、使った数が30、残った
> 数が20です。使ったのでひき算とな
> り、式は□－30＝20となります。

P．90、91　□を使って③

☆　① 式　　□×5＝40

　　② 式　　40÷5＝8

　　　　　　　　　　　答え　8こ

1　① 式　　□×8＝48

　　② 式　　48÷8＝6

　　　　　　　　　　　答え　6こ

2　① 式　　8×□＝56

　　② 式　　56÷8＝7

　　　　　　　　　　　答え　7セット

3　① 式　　10×□＝90

　　② 式　　90÷10＝9

　　　　　　　　　　　答え　9パック

> 「わからない数」を□として考え
> る問題です。☆はクッキーが5箱分
> の数とあるので、かけ算で表せま
> す。1箱に入っているクッキーを□
> ことして、式は□×5＝40となりま
> す。

P．92、93　□を使って④

☆　① 式　　□÷5＝8

　　② 式　　8×5＝40

　　　　　　　　　　　答え　40こ

1　① 式　　□÷7＝5

　　② 式　　5×7＝35

　　　　　　　　　　　答え　35こ

2　① 式　　□÷6＝7

　　② 式　　7×6＝42

　　　　　　　　　　　答え　42まい

3　① 式　　□÷9＝6

　　② 式　　6×9＝54

　　　　　　　　　　　答え　54まい

> 「わからない数」を□として考え
> る問題です。☆は□はあめの数、そ
> れを5人に分けるのでわり算になり
> ます。式にすると□÷5＝8です。

P．94、95　□を使って　まとめ

1　① 式　　24＋□＝50

　　② 式　　50－24＝26

　　　　　　　　　　　答え　26本

2　① 式　　□－28＝37

　　② 式　　37＋28＝65

　　　　　　　　　　　答え　65まい

3 ① 式　　8 × □ = 64

　　② 式　　64 ÷ 8 = 8

　　　　　　　　答え　8セット

4 ① 式　　□ ÷ 8 = 9

　　② 式　　9 × 8 = 72

　　　　　　　　答え　72こ

P．96、97　いろいろな問題①（重さ）

☆　式　　300 + 920 = 1220

　　　　　　答え　1220g，1 kg220g

1 　式　　250 + 1200 = 1450

　　　　　　答え　1450g，1 kg450g

2 　式　　1400 + 1350 = 2750

　　　　　　答え　2750g，2 kg750g

3 　式　　850 + 2350 = 3200

　　　　　　答え　3200g，3 kg200g

　　重さのたし算の問題です。単位が
　同じであるか確認することが大切で
　す。答えが2種類あるので、kgとg
　の関係をしっかり押さえましょう。
　1 kg＝1000gです。

P．98、99　いろいろな問題②（重さ）

☆　式　　1250 - 400 = 850

　　　　　　　　答え　850g

1 　式　　2100 - 900 = 1200

　　　　　　　　答え　1200g

2 　式　　2350 - 1050 = 1300

　　　　　　答え　1300g，1 kg300g

3 　式　　1560 - 300 = 1260

　　　　　　答え　1260g，1 kg260g

　　重さのひき算の問題です。2 3 は
　答えが2種類求められているので、
　kg、gの両方の答えを書きましょう。

P．100、101　いろいろな問題③（分数）

☆　①　$\frac{3}{6} + \frac{1}{6} = \frac{4}{6}$

　　　　　　　　答え　$\frac{4}{6}$ L

　　②　$\frac{3}{6} - \frac{1}{6} = \frac{2}{6}$

　　　　　　　　答え　$\frac{2}{6}$ L

1 　①　$\frac{2}{7} + \frac{3}{7} = \frac{5}{7}$

　　　　　　　　答え　$\frac{5}{7}$ L

　　②　$\frac{3}{7} - \frac{2}{7} = \frac{1}{7}$

　　　　　　　　答え　$\frac{1}{7}$ L

2 　式　　$\frac{5}{8} + \frac{3}{8} = \frac{8}{8}$

　　　　　　$= 1$

　　　　　　　　答え　1 L

3 　式　　$1 - \frac{4}{7} = \frac{7}{7} - \frac{4}{7}$

　　　　　　　$= \frac{3}{7}$

　　　　　　　　答え　$\frac{3}{7}$ L

　　分数の問題です。分数は等しく分
　けた、何こ分なので、☆のアは6こ
　に等しく分けた3つ分で$\frac{3}{6}$と表しま
　す。分母が同じ分数のたし算・ひき
　算は、分母は変わらず分子どうしを
　計算します。

P．102、103　いろいろな問題④（時こくと時間）

☆　①　午前10時20分

　　②　午前7時30分

1　①　午前11時25分

　　②　午前8時25分

2　①　午後4時30分

　　②　午後1時20分

3　①　午後1時40分

　　②　午前8時50分

4　①　午後3時50分

　　②　午前11時25分

P．104、105　いろいろな問題⑤（時こくと時間）

☆　式　　12時－9時＝3時間

　　　　　　　　　　　　答え　　3時間

1　式　　13時－8時＝5時間

　　　　　　　　　　　　答え　　5時間

2　式　　3時40分－1時30分

　　　　　＝2時間10分

　　　　　　　　　　　答え　　2時間10分

3　式　　8時60分－7時20分

　　　　　＝1時間40分

　　　　　　　　　　　答え　　1時間40分

4　式　　13時80分－10時30分

　　　　　＝3時間50分

　　　　　　　　　　　答え　　3時間50分

P．106、107　いろいろな問題⑥（三角形）

☆　式　　5×3＝15

　　　　　　　　　　　答え　　15cm

1　式　　7×3＝21

　　　　　　　　　　　答え　　21cm

2　式　　3×4＝12

　　　　　　　　　　　答え　　12cm

3　式　　4×5＝20

　　　　　　　　　　　答え　　20cm

4　式　　3×6＝18

　　　　　　　　　　　答え　　18cm

> 　三角形の問題です。三角形の辺の数は3つです。いくつか集まった場合は、それをかこむまわりの辺の数が変わるので図をよく見て、まわりの長さを考えましょう。

P．108、109　いろいろな問題⑦（三角形）

☆　式　　7×2＋3＝17

　　　　　　　　　　　答え　　17m

1　式　　6×2＋5＝17

　　　　　　　　　　　答え　　17m

2　式　　3×4＝12

　　　　　　　　　　　答え　　12m

3　式　　4×2＝8

　　　　　　2×3＝6

　　　　　　8＋6＝14

　　　　　　　　　　　答え　　14m

4　式　　4×2＝8

　　　　　　6×4＝24

　　　　　　8＋24＝32

　　　　　　　　　　　答え　　32m

> 　三角形の問題です。今度は辺の長さが違う二等辺三角形が出ます。辺の長さに注意してまわりの長さを考えましょう。

P．110、111　いろいろな問題⑧（円と球）

☆　式　①（れい）

　　　　　　　　　　　　答え　　8 cm

　　②（れい）

　　　　式　　8 ÷ 2 = 4

　　　　　　　　　　　　答え　　4 cm

1　①　式　8 ÷ 2 = 4　　　答え　　4 cm

　　②　式　4 ÷ 2 = 2　　　答え　　2 cm

2　式　8 × 3 = 24　　　答え　　24cm

3　式　8 × 5 = 40

　　または　4 × 10 = 40　　答え　　40cm

4　式　12 × 3 = 36

　　または　6 × 6 = 36　　答え　　36cm

> 　円と球の問題です。円は平面にコンパスを使って描けます。
> 　直径と半径を求める問題です。半径は、直径の半分ということをしっかり押さえましょう。

P．112、113　いろいろな問題⑨（円と球）

☆　式　　12 ÷ 2 = 6

　　　　　　　　　　　　答え　　6 cm

1　①　式　5 × 2 = 10　　答え　　10cm

　　②　式　10 × 2 = 20　　答え　　20cm

2　たて　6 × 2 = 12　　　答え　　12cm

　　横　　6 × 3 = 18　　　答え　　18cm

3　たて　8 × 2 = 16　　　答え　　16cm

　　横　　8 × 4 = 32　　　答え　　32cm

4　たて　10 × 3 = 30　　　答え　　30cm

　　横　　10 × 4 = 40　　　答え　　40cm

> 　ボールの形を球と呼びます。考え方は円のときと同じです。半径、直径という言葉と意味を押さえて考えましょう。